JN088087

ゲームをテストする

バグのないゲームを支える知識と手法

花房 輝鑑 ● 著
（AIQVE ONE 株式会社）

SHOEISHA

本書内容に関するお問い合わせについて

このたびは翔泳社の書籍をお買い上げいただき、誠にありがとうございます。弊社では、読者の皆様からのお問い合わせに適切に対応させていただくため、以下のガイドラインへのご協力をお願い致しております。下記項目をお読みいただき、手順に従ってお問い合わせください。

●ご質問される前に

弊社Webサイトの「正誤表」をご参照ください。これまでに判明した正誤や追加情報を掲載しています。

正誤表　https://www.shoeisha.co.jp/book/errata/

●ご質問方法

弊社Webサイトの「刊行物Q&A」をご利用ください。

刊行物Q&A　https://www.shoeisha.co.jp/book/qa/

インターネットをご利用でない場合は、FAXまたは郵便にて、下記"翔泳社 愛読者サービスセンター"までお問い合わせください。
電話でのご質問は、お受けしておりません。

●回答について

回答は、ご質問いただいた手段によってご返事申し上げます。ご質問の内容によっては、回答に数日ないしはそれ以上の期間を要する場合があります。

●ご質問に際してのご注意

本書の対象を越えるもの、記述箇所を特定されないもの、また読者固有の環境に起因するご質問等にはお答えできませんので、予めご了承ください。

●郵便物送付先およびFAX番号

送付先住所　〒160-0006　東京都新宿区舟町5
FAX番号　　03-5362-3818
宛先　　　　（株）翔泳社 愛読者サービスセンター

はじめに

　1983年に任天堂から発売されたファミリーコンピュータは家庭用ゲーム機の普及に多大な影響を及ぼし、さまざまなメーカーが家庭用ゲーム機開発および家庭用ゲームソフト開発を始めることとなりました。しかし、この時代はまだゲーム開発の体制や手法が確立されておらず、テストが不十分でバグが多く残っているゲームがリリースされることが少なくありませんでした。

　当然、ユーザーがバグに遭遇する機会も多くありましたが、意外にもユーザーはバグを不満に感じることは少なく、むしろバグが引き起こす面白おかしい特異な状況すらも楽しんでいました。こうしていつしかバグは裏技と呼ばれ、ユーザーに受け入れられるようになりました。

　しかし2000年以降にインターネットを介したオンラインプレイができるようになり他のユーザーと競い合うようになってくると、プレイ結果に影響が出るバグの存在は許されないようになり、ゲームメーカー、ユーザーともに品質意識が高まっていきました。その中で注目されるようになったのが、仕様どおり動いているかを確認し、またバグがないかを探すゲームテストの仕事です。

　ゲームテストは年々重要性を増していますが、この仕事の正しい情報はなかなか発信されず、ゲームテストに関する書籍もほとんど出版されてきませんでした。しかし実際には、ゲーム業界において、テストの仕事はディレクターやプランナーを目指す人にとっての登竜門的な位置付けにもなっています。また、実はゲームテストは非常に専門性の高い技術職であり、ゲームテストの仕事の中であっても十分キャリアアップが可能な職種でもあります。未経験から始められて専門的な技術を身につけ、キャリアアップもでき、しかも仕事の対象は子供の頃から娯楽として楽しんでいるゲームとは、非常に魅力的な仕事ではないでしょうか！

本書で最新のゲームテストに触れることで、ゲームテストにより興味を持っていただけたら幸いです。

　本書は、仕事としてのゲームテストだけでなく、ゲームテストの技術的な話にも触れています。そのため、いま現在ゲームテストをしている方やディレクター、プランナーなど、ゲーム開発・品質に関わっている方にも活用できる内容になっています。

　なお、本書で使用している用語はゲーム業界特有の使い方や解釈を含んでいる可能性があり、用語本来の使い方や解釈ではない可能性があります。また、ゲーム業界の中でも組織文化の違いから同じ用語でも少し異なる使い方や解釈をするかもしれません。例えば、品質向上に関わる活動は一般に「テスト」「デバッグ」「QA」「品質管理」などさまざまな言葉で表現されますが、本書では以下の意味合いとしています。

- ゲームデバッグ（デバッグ）：バグ探しを中心とした活動
- ソフトウェアテスト（テスト）：機能が仕様どおりの動きとなっているか確認したりバグがないか探したりする活動
- 品質管理（QC）／品質保証（QA）：達成すべき品質レベルを定めて品質を可視化し、目標となる品質レベルを達するためのさまざまな活動

このような違いも含めて本書をお楽しみいただければと思います。

2022年11月　著者

もくじ

第4章　ゲームデバッグはもう古い！？　　59

第6章 ソフトウェアテストの活動 121

第10章 ゲームテストの未来 227

コラムのもくじ

第**1**章

謎めいた
ゲームテストの世界

皆さんはゲーム開発の中に「**テスト**」という仕事があるのはご存じでしょうか？

　所属する組織によっては「デバッグ」「品質保証（QA）」「品質管理（QC）」などと呼び方が変わることがありますが、皆さんもこのどれかは耳にしたことがあるかもしれません。

　ゲーム開発には、プロデューサー、ディレクター、プランナー、デザイナーなどさまざまなクリエイターがかかわりますが、中でもひときわ脚光を浴びるのはプロデューサーでしょう。プロデューサーは担当ゲームの責任者であり、ゲームの魅力をユーザーに伝えるために積極的にメディアに露出していきます。

　そのため、一般には「プロデューサーがゲームを作った」と思われがちですが、もちろんプロデューサー1人の力ではゲームを作ることはできません。ゲームは、ディレクター、プランナー、デザイナー、プログラマーなど、開発プロジェクトにかかわるさまざまな人が力をあわせた結果であり、その中の重要な役割の1つがテストなのです。

　テストというと「誰でもできそう」というイメージを持つ方も多いかもしれません。確かに、特別な経験やスキルがなくても始められるため間口は広いのですが、実は、テストには専門的な知識が必要であり、奥深い仕事です。実際、テストにかかわる役割の総称として**テストエンジニア**という言葉が使われるように、近年では専門的な技術職と認知されるようにもなってきています。

　とはいえゲーム業界では、テストエンジニア職として新卒採用を行っている企業は少なく、また未経験で契約社員・正社員の採用活動を行っている企業もほとんどありません。募集されている求人の多くはアルバイトであり、基本的にはそこからこの世界に入っていくことが多くなっています。

　ただ、コンビニやファストフード店などのアルバイト求人と比べると求人数自体が少なく、また「機密情報を取り扱う仕事」という性質上セキュリティも厳しいため、その実態が表に出てくることは少ないのが現

実です。そのためネット上ではうわさや臆測が入り交じった情報が出て
くることも多くあり、断片的な情報であったり真偽も不確かだったりと、
その実態の多くは謎に包まれています。

　本章では、そんな謎めいたゲームテストの世界を少しだけのぞいてみ
ることにします。

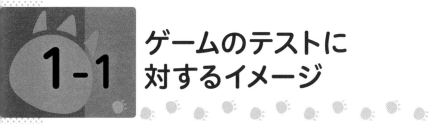

ゲームのテストに対するイメージ

皆さんの多くは、何かしらゲーム開発にかかわっていたり、ゲーム開発を学んでいて将来ゲーム業界に入りたいと思っていたりすることでしょう。それでは、皆さんは「ゲームのテスト」という仕事には具体的にどういったイメージをお持ちでしょうか？

仕事に対するイメージ

一般的に、ゲームテストの仕事には、以下のようなイメージを持つことが多いかもしれません。

- ゲームをしてお金が稼げて楽そう
- まだ世に出る前の開発中のゲームをプレイできてお得
- 特別な経験や技術は不要で、誰でもできる

また、業務内容に関しては、以下のようなイメージをお持ちではないでしょうか？

- 延々と壁に当たり続ける
- 全種類のアイテムやスキルを使う
- ひたすらゲームをクリアする
- 自由にゲームを遊べる

未経験からでもスタートできて、開発中のゲームがプレイでき、しかもお金が稼げるというと、ゲーム好きにはたまらなく魅力的な仕事に感

じますね。では、このゲームテストの仕事の実態は、一体どうなっているのでしょうか？

　ゲームをプレイしてお金が稼げる、というのは半分正解といったところでしょう。

　次の図に示すように、ゲームテストの仕事の中にもいくつかの役割があります。そのうち**テスター**と呼ばれる役割では「実際にゲームを動かして異常がないか」を確認することになり、基本的にはずっとゲームをプレイしています。しかし、テスター以外の役割では、実際にゲームをプレイすることは多くありません。

　例えば、**テストリーダー**と呼ばれる役割の人はテスト活動の管理やコントロールを行っており、テスターへの作業割り振りや指示出し、作業の進捗状況の確認・管理、作業報告書の作成などを行うため、実際にゲームに触れる時間はあまり取れません。そのため、中には「ゲームのバグ出しだけをしたい」という理由からテスターを続け、テスター以外へのキャリアアップを目指さない人もいます。

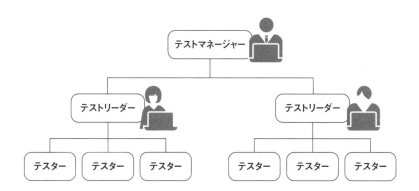

　また、テスターのほとんどはアルバイトであり、それも登録制アルバイトの形が多く、シフトが安定しません。時給に関しても高いとはいえないため、テスターだとこの仕事だけで生活していくのはなかなか難しく、実家で暮らしたりルームシェアをしたりしている人も多くいます。

テスターの作業内容

テスターの具体的な作業は、大きく以下の2つに分けられます。

- チェックリストやテストケースを使って動作の確認を行う
- ゲームを自由にプレイして異常が起きないかの確認を行う

チェックリストやテストケースには、どのような確認を行うのかの情報がまとまっており、その内容に沿って確認を行っていきます。

また**フリーテスト**と呼ばれる「ゲームを自由にプレイするテスト」もあり、これは主にバグ出しが作業となります。ただし、経験が浅いテスターがフリーテストを行ってもユーザーと同じようなプレイ内容となってしまい、効果的なテストは行えません。フリーテストの目的はバグ出しなので、ユーザーと同じことをしていてもあまり効果的ではなく、常に「どうやったら異常が起きるか」を考えながらテストする必要があります。極端な表現ではありますが、「どうやったらゲームを壊せるか」という意識を持つのが大事だといえます。

テスターの仕事のハードル自体は低く、最初は特別な経験や技術がなくても始めることができます。

現代においては、ゲームをまったくプレイしたことのない人は少なく、子どもの頃からゲームに触れてきた人が多いはずです。特別な経験や技術がなくてもスタートできるとはいいましたが、実は日常的にゲームに触れることでさまざまなゲームシステムを理解したり、ゲームのテクニックを得たりと、皆さんにもゲームのテストをするうえでの必要な知識が自然と身についているのです。

ゲームのバグも、たとえ直接遭遇することは少なくても、現代ではTwitterなどのSNSで情報が拡散されるため、何かしらの形で見かけたことがあるはずです。リリース後に発生するバグは多くはありませんが、ネットやSNSなどの情報から「何をするとどういうバグが起きる」という情報が蓄積されていき、バグ出しに必要な観点も無意識に培われているのです。

　これが例えば保険システムのテストを考えると、状況はまったく違うはずです。まず、保険に関しての知識が必要になります。一口で保険といっても、火災保険、地震保険、生命保険などさまざまな種類があり、それぞれ保証や条件の内容が細かく定められていますが、保険関係の仕事をしている人以外で、これらを正しくイメージできる人はほとんどいないはずです。しかし保険システムのテストを行う場合、保険のことを知らずには適切なテスト活動はできません。そのためまず保険について学ぶ必要がありますが、ゼロから保険自体や保険システムの仕様を理解するには、かなりの労力がかかってしまうことでしょう。

　一方、ゲームは子どもの頃から日常的に触れてきている人が多いため、初見のゲームでもシステムの理解はある程度容易であり、仕様理解の時間も比較的短く済みます。また、新規開発のゲームであっても、「○○みたいなゲーム」のように、類似ゲームを示すことでゲーム性やゲームシステムなどのイメージをつかむこともできるのです。

🐾 キャリアに対するイメージ

　仕事内容のイメージから、ゲームテストの仕事を「ゲーム開発への入り口や下積みにあたる仕事」と捉えている人も多く、テスターからいずれプランナーやディレクターなどになれる、と考えている人も少なくありません。

　しかし、テストの仕事をしている人がいくらプログラマーになりたいといっても、プログラミングのスキルがなければプログラマーへの転向はできません。プログラマーになりたいのであれば、プログラミングスキルを身につけ、そのスキルを磨き、どういうことができるのかをアピールしていく必要があります。何も行動を起こさずにチャンスが舞い込んでくることなどありません。

　また、ゲームに詳しければゲームテストの仕事でキャリアアップしていけるかというと、そうでもありません。さまざまなゲームシステムの知識やゲーム開発自体など、ゲーム領域の知識も必要ですが、テスト自

体に関しても同じように知識や技術が必要になるからです。

　これまでは「ゲームデバッグ」という「経験に依存したバグ出し」が中心でしたが、これからは「ソフトウェアテスト」という体系的な知識や技術を身につけ、しっかりした根拠を持ちながら、効率的・効果的なテスト活動が求められるようになってきているのです。

労働環境に対するイメージ

　労働環境のイメージとしては、以下のようなものを思い浮かべるかもしれません。ネガティブなイメージが多くなっていますが、これはゲームテストの仕事というよりも、ゲーム開発自体がそのようなイメージを持たれることが多いからだと考えられます。

- ●残業や徹夜が多い
- ●休日出勤が多く、休みが少ない
- ●フロアやデスクが汚く、散らかっている
- ●同じ趣味の仲間ができそう

　ゲーム開発の仕事も、他の仕事と同じように、基本的には残業や休日出勤は発生しません。しかし、リリース直前になると一変します。リリースまでに必要な機能を実装しきる必要があったり、発生しているバグを修正しきる必要があったりするため、開発担当者にはこれらの作業で残業や休日出勤が頻繁に発生してしまいます。

　ゲームは、アニメ化やリアルイベントなど、メディアミックスとして展開することが多く、そのため一度決められたリリース予定日を変更するのが難しいという事情もあります。

　多角的なアプローチはコンテンツビジネスで非常に有効なのですが、それは同時に、さまざまな企業がさまざまな準備を進め、時間とコストも多大にかかるという側面も持ちます。ゲームもメディアミックスの1つであるため、ゲームがリリース延期してしまうと期待していたメディア

ミックス効果が得られなくなってビジネスへ大きな影響が出てしまうため、何としても予定どおりにリリースしなくてはならなくなります。

　そうなると、残業や休日出勤が頻繁に発生する事態になり、いわゆる**デスマーチ**といった状態になっていってしまいます。ただしその場合も、相手がよほど話の通じないステークホルダー（利害関係者）でない限り、リリースを優先するのかどうか、リリースを優先する場合は何をどこまで仕上げるのか、といった建設的な話し合いが行われ、デスマーチは回避されていきます。

　また、リリース日については、その企業の経営的な問題も関係してきます。ゲーム開発は先行投資が非常に大きく、数億円もの資金を先に投資し、ゲームがリリースされたあとに投資した資金を回収する形が一般的です。もしリリースが延期になると、当然そうした開発体制を維持しなくてはならず、想定外のコストがかかってしまいます。そのため、納得いくまで何度もゲームを作り直したり調整を入れたりするのは、実際にはよほど資金力のある企業しかできないのです。

待遇に対するイメージ

　リリース直前にはハードになることもあるゲーム開発およびゲームテスト業界ですが、その待遇はどのようなものなのでしょうか？

　ゲーム会社のオフィスは、狭く、雑然としていて、小汚いイメージを持っている方もいるかもしれません。オフィス環境は企業によって違いますが、最近はきれいでオシャレであり、デスクスペースも広く、ウォーターサーバー完備など、さまざまな福利厚生が用意されていることもあります。

　コロナ禍を受け、リモートワークを導入した企業も多くなりましたが、それには不正アクセスなどによる機密情報や個人情報の漏洩リスクがあります。特にゲーム開発はセキュリティに敏感でリスクを避ける傾向にあるため、リモートワークに一定の条件を設けている企業も少なくありません。

先ほど述べたように、テスターの雇用形態はアルバイトであることが多く、それも多くは週5日のフルタイムではなく、必要なときに声がかかる登録制です。最初はそうした登録制で働き、実務で結果が出てくるとフルタイム勤務に切り替わっていく、というのが一般的です。

　またテスターだけではなく、テスト管理を行うテストリーダーもアルバイトであることが多いのが実態です。時給を見ると、テスターだと最低時給に近いことが多く、テストリーダーになると平均的な時給水準になっていきます。基本的に誰もがアルバイトからスタートしますが、社員登用の機会は少なく、10年勤めてもアルバイトのままという人もいます。未経験から契約社員や正社員として雇用する企業があるとしたら、それは非常にレアなケースといえるでしょう。

「★」1つで時給プラス50円

　筆者が約20年程前にアルバイトしていたテスト会社では、一定期間ごとに評価が行われ、その評価を★の数で表していました。この★が1つ付くと時給がプラス50円され、筆者の知る限り★7個、つまり時給が350円プラスになっていたテスターがいました。そのときは基本時給が850円だったため、★評価をプラスすると時給1200円にもなっていた計算です。

　ちなみに、2000年の東京都の最低時給は703円でしたが、2022年には1072円となっており、約20年で最低時給が約1.5倍になっています。

1-2 「ゲームデバッグ」とは

　皆さんは、**ゲームデバッグ**という言葉を聞いたことがありますか？

　これはゲーム業界で昔から使われてきた言葉であり、「開発中のゲームをプレイしてバグを出す活動」を意味します。ゲームデバッグの活動をしている人のことは**デバッガー**と呼ばれますが、デバッガーのアルバイト求人は比較的よく出ています。そしてそれらは、以下のような打ち出し方をしていることが多いはずです。

- 未経験歓迎！
- ゲーム好き集まれ！
- 発売前のゲームをプレイしてお金を稼ごう！
- いつでも好きなときに働ける！
- 好きを仕事にするチャンス！

　この仕事をする人の多くはゲームやアニメが好きであり、同じ趣味の人が集まるため居心地がよく、長く続ける人もいます。しかし、それまでに社会人としてのマナーや振る舞いなどを学ぶ機会が少なかったために、基礎的なビジネススキルを身につけられていない人も意外と多くいるのも事実です。ゲームは好きで詳しいけれど、人との距離感がつかめなかったりコミュニケーションに難があったりする人もいますが、同じような人が集まっているためにその問題に気が付かず、改善する機会がなく年齢を重ねていってしまうことが要因なのかもしれません。

　また、ゲームやアニメが好きな人は趣味にお金をかけるあまり服装など身なりに気をかけないイメージがあるかもしれませんが、今は昔に比べて身なりに気をつかう人が多く、オシャレな人も増えてきているよう

に感じます。

⚫ 「デバッグ」という言葉の意味

　実は、ゲーム業界ではデバッグという言葉が正しい意味で使われていないことが多く、ゲーム業界特有の解釈がなされています。

- 正しい意味合いの「デバッグ」：バグを探して見つけたバグを修正する活動
- ゲーム業界特有の解釈の「デバッグ」：バグを探す活動

「デバッグ」という言葉の正しい意味合いから考えると、プログラマーなど開発担当者が行う作業を指すべきですが、ゲーム業界ではバグを探す活動を指しています。なぜこういう使われ方がされるようになったかは定かではありませんが、筆者は以下のように考えています。

- 開発者が行っているデバッグの一部（バグ出し）を担当することから
- ゲームのデバッグではバグ出しが重要な活動だから

　ゲーム業界では昔から**ゲームデバッグ**という言葉が使われ、浸透してきましたが、その「ゲームをプレイしてバグがないかを探す」という活動から、特別な経験や技術がいらない誰でもできる仕事というレッテルも貼られてしまいました。それが影響しているのかはわかりませんが、ゲーム業界では暗黙的に開発とデバッガーの間で上下意識が見え隠れしています。
　ゲームのテストの仕事が専門的なイメージを持たれないのは、このような「ゲームデバッグのイメージ」が強いためなのです。

バグ出しが得意なデバッガー

　ゲームデバッグは、ゲームをプレイしてバグを探していくのが仕事で

すが、大半のデバッガーはバグ出しが得意ではありません。まれにバグ出しが非常に得意で人の何倍もバグを出すデバッガーもいますが、そういった人は希少であり、筆者の経験上20人に1人いるかどうかです。

　ビッグタイトルだとデバッガーは100人規模になりますが、そのうちバグ出しが得意なデバッガーは5人、残り95人はバグ出しが得意ではないデバッガーという比率です。バグ出しが得意な5人はバグを狙って出していきますが、残り95人のバグ出しは偶然に頼る形になります。効率がいいとはとてもいえませんが、これがゲームデバッグの実態です。取りあえずゲームをたくさん動かして、これだけやったから大丈夫という安心感を得ているのです。しかしその安心感の根拠は「どのくらいゲームを動かしたか」ということだけであり、「何をしたか」という中身までは見ていません。

ゲームデバッグの実態

　ここからは、実際に筆者のゲームデバッグの経験をお話ししましょう。筆者が実際にゲームデバッグを行っていたのは大分前のことにはなりますが、今もゲーム業界でテストにかかわる身であるため、さまざまな現場の情報が入ってきます。その情報を聞いていると、デバッグを行う機材的な環境は変わっていますが、その作業自体はほとんど変わっていません。

筆者の経験

　筆者がゲームデバッグの仕事を始めたのは2000年のことで、当時大手パブリッシャーの子会社であったテスト会社にアルバイトとして入社しました。その会社は社員が10名程度、彼らは主に組織管理やデバッグ案件責任者であり、現場へのかかわりは大きくありませんでした。

　デバッグの現場はデバッグリーダーが仕切っていましたが、当時このデバッグリーダーは30人ほどおり、その全員がアルバイトでした。デバッガーは登録制アルバイトで150人ほどいて、日勤から夜勤までいく

つかのシフトが組まれていて、タイトルによっては日勤と夜勤両方稼働することもありました。

　入社当初はPlayStation（初代）で発売されるゲームのデバッグが多く、PlayStation 2やゲームボーイアドバンスなどが発売されてしばらく経つと、次第にそれらのハード向けゲームのデバッグが中心になっていきました。

　デバッグ作業で使っていた機材も現在とは違いました。このときはまだハードディスクレコーダーといったものはあまり普及していなかったため、ブラウン管テレビにビデオデッキを接続してデバッグ作業を録画していました。また、作業用のパソコンは、デバッグリーダーには1人1台貸与されていましたがデバッガーにはなく、仕様書などの資料は印刷して回し読みしていました。

　デバッガーにはパソコンがなかったため、バグを見つけた場合はデバッグリーダーに見つけたバグを報告し、デバッグリーダーが既出かどうかを確認していました。新規のバグだった場合はバグレポートを作成する必要があるのですが、デバッガーが手書きでバグレポートを作成してデバッグリーダーに提出し、その手書きのバグレポートをFAXで親会社であるパブリッシャーの開発チームに送っていました。さすがにFAXでの報告はすぐになくなりましたが、代わりに手書きのバグレポートをデバッグリーダーがパソコンで専用のシステムに入力していく形になりました。

　デバッグ作業については、デバッグリーダーからデバッガーに指示が出てデバッガーはその指示に従って確認をしていくことになります。しかし当時は、テストケースと呼ばれるものはなく、デバッグリーダーが仕様書の内容を切り貼りして作成したチェックリストがある程度でした。もちろんこれも印刷してデバッガーに渡し、手書きでチェック結果を記入することになります。そして1日の終わりにデバッグリーダーがリスト用紙を回収し、パソコンでExcelなどにチェック結果を反映させていきました。

　パソコンは徐々に増台されていき、少しずつデバッガーにもパソコンが渡るようになっていったため、このような非効率な環境は次第に改善

されていきましたが、振り返ると非常にアナログな現場（時代）だったと思います。

　デバッグで使うチェックリストは観点や組み合わせなどが十分検討されておらず、当然確認は不足してしまいます。そのため、その不足をフリーデバッグで補います。フリーデバッグの内容は基本的にデバッガーにお任せなのですが、デバッグリーダーから「見てほしい機能やモード」など大まかに指示が出されることがあったり、デバッグリーダーの観点でバグが潜んでいそうな操作や観点が共有されたりして、それらをゲーム内のさまざまな箇所で行っていくということもありました。

デバッガーに対する人事評価

　その際、デバッガーの人事評価は、主に以下のポイントで行われていました。

- 作業のスピードが速い
- 作業が正確
- デバッグリーダーの指示を守る
- バグをたくさん出す

　一番の評価ポイントは「バグをどれだけ見つけられるか」であり、特にゲームの進行に影響が出るバグの発見は高ポイントが得られました。

　このようにデバッグは基本的にバグ出し作業なので、こうしたバグが出せると評価されやすかったのですが、デバッグリーダーの指示を守る人も一定の評価を得ていました。

　指示を守るのは当然と思うかもしれませんが、意外とデバッグリーダーの指示からそれて自分の気になるところばかりを確認してしまうデバッガーが多くいたのです。指示をしっかり守って作業をしてもらわないと作業の進捗にもかかわってしまうため、デバッグリーダーはきちんと作業指示を守れる人を好んでいました。

　これらの話は2000年〜2010年頃の話であり10年以上前の実体験なの

ですが、現在も（機材面や活用するツール類は進化しているものの）、さまざまな話を聞く限り、この頃と似たような形の組織やプロジェクトはまだまだあるようです。

ゲームテストを始める動機

　ゲームが好きだから、人とコミュニケーションを取るのが苦手だから、ダブルワークにちょうどよいからなど、ゲームのテストを始める動機は人それぞれです。

　筆者の場合、元々は専門学校でゲーム開発を学んでいましたが、就職氷河期という時代（実力不足もあったと思いますが……）だったため就職が決まらずに専門学校卒業を間近に控えていました。どんな形でもいいからゲーム業界で働きたいと考えていた筆者は、さまざまな求人を探し、そこで「テストプレイヤー」というアルバイト求人を見つけ、すぐさま応募して無事採用されました。この会社は、当時ある大手パブリッシャーの子会社であり、親会社のパブリッシャーが開発・リリースするゲームのテストを行っていたため、登録制アルバイトではあったものの仕事にあぶれることはなく、安定してシフトに入ることができていました。

1-3 ソフトウェアテストとは

　皆さんは、**ソフトウェアテスト**という言葉を知っていますか？

　これは、ゲーム業界以外ではすでに一般化しつつある、ソフトウェアに対するテストの考え方です。

　これまでゲーム業界では、「ゲームデバッグ」として開発中のゲームをプレイしてバグを探す活動が主流でした。しかし、この活動には目的や戦略がなく人海戦術になりがちで、莫大なコストがかかりやすいというデメリットがあります。

　昨今主流になってきているソフトウェアテストの考え方では、品質向上や品質の可視化などを目的として、目標とする品質レベルを定め、専門的な知識・技術を持ってその品質レベルに達するためにテストを計画したり、設計したりしていきます。また、テスト活動で得られるさまざまな情報を収集してメトリクス化することなどにより品質レベルの可視化を行い、品質を向上・保証していきます。

ゲーム = ソフトウェア

　ゲームはコンピューターゲームのためのソフトウェアであり、それを省略して**ゲームソフト**とも呼ばれます。この言葉のとおり、ゲームはソフトウェアの1つだと考えることができ、そのためソフトウェアに対するテストの考え方であるソフトウェアテストはゲーム開発にも効果的だといえます。

　ゲーム業界はクリエイティブな業界であり、他の業界と違うため「堅

苦しく小難しいソフトウェアテストは使えない！」と思う方もいるかもしれません。実際、コンシューマーゲームが主流の時代ではそれでも通用したでしょう。

　しかし、スマホゲームが登場し、いまやゲーム市場の2/3はスマホゲームが占めています。そのようにゲーム産業のビジネスも変わってきている中で、、昔からのやり方に執着したり閉鎖的になったりせず、新しい考え方や取り組みをしていく必要があるのではないでしょうか？

　ゲームの流行り廃りは時代とともに移り変わってきました。ゲームを作る人たちも、作るやり方も、その品質を保証するやり方も、時代とともに変わっていく必要があるはずです。

　筆者は、その企業や組織が、スマホゲームが登場するよりも前にコンシューマーゲーム開発をしていたか、それともスマホゲームからゲーム産業に参入してきたかによって、テストに対する考え方が大きく違う傾向があると感じています。

　前者、つまりスマホゲーム登場以前からコンシューマーゲーム開発をしてきた組織では、ゲームデバッグの文化が強い傾向にあります。一方後者の、スマホゲームからゲーム産業に参入してきた組織では、逆にソフトウェアテストの考え方が強い傾向にあります。現に、CEDEC（Computer Entertainment Developers Conference）やJaSST（Japan Symposium on Software Testing）といった技術カンファレンスに登壇するゲーム業界の方は、スマホゲーム開発がメインの組織であることが多くなってきています。

　そうした業界の流れからも、本書で紹介するソフトウェアテストの考え方は、これからのゲームの品質を保証していくうえで欠かせないものになっていくはずです。

第2章

ゲーム開発の変遷

家庭用ゲーム機の元祖といえば、ファミリーコンピュータ（ファミコン）をイメージする方も多いことでしょう。日本国内で累計1935万台を売り上げたこのハードは、日本のみにとどまらず、北米、欧州、アジアなどさまざまな地域で発売され、世界累計で6191万台を売り上げています。

　発売直後からゲームショップや家電量販店では品切れが続出し、発売から1年以上品薄状態が続くなど、爆発的な人気となりました。当時はファミコンを持っていない子どもも多く、学校が終わったあと友達の家に集まって遊ぶという光景もよく見られました。

　この時代、さまざまな企業がゲームを開発・販売していましたが、ファミコンブームの波に乗ろうと、ゲームとは無縁だったような企業もゲーム開発を始めました。

　多種多様なゲームが出ることはゲーム業界の発展にもつながりますが、クオリティの低いゲームが乱立すると逆にゲーム業界の衰退にもつながりかねません。実際に、海外ではアタリショックという現象が起きてしまいました。

　本章では、そうした歴史をひもときながら、ゲーム開発がどう変化してきたのかを振り返っていきます。

アタリショックとは

1982年、アメリカ合衆国で起こった、年末商戦を発端とする家庭用ゲーム機の売り上げ不振「Video game crash of 1983」のことを指す言葉です。

北米における家庭用ゲームの売上高は1982年時点で約32億ドル（約7520億円）に達していましたが、1985年にはわずか1億ドル（約200億円）にまで減少しました。

この原因は「サードパーティによる低品質ゲームソフトの大量投入」といわれています。粗悪なゲームソフトが粗製乱造されたことでユーザーの信頼や興味を失ってしまい、市場規模が急激に縮小してしまいました。北米の家庭用ゲーム市場は崩壊し、ゲーム機やホビーパソコンを販売していた大手メーカーのいくつかが破産に追い込まれ、ゲーム市場最大手であったアタリ社も崩壊してしまいました。この1983年から1985年にかけての北米家庭用ゲーム市場の崩壊は「Video game crash of 1983」と呼ばれ、日本ではアタリショックと呼ばれています。

2-1 家庭用ゲームソフト開発

　1983年にファミコンが発売されて以降、ファミコンの後継機である
スーパーファミコンや、3D表現が可能になったPlayStation、セガサター
ン、NINTENDO64、そしてそれらの後継機のPlayStation 2、ニンテン
ドーゲームキューブなど、一定の間隔で新しいゲーム機が誕生してきま
した。

　家庭用ゲーム機は、時代とともに搭載される機能や性能水準が変化し
てきましたが、時代ごとにある種の類似性でまとめられ、「世代」として
分類されています。ファミコンは最初の家庭用ゲーム機のイメージがあ
りますが、実は第三世代としてくくられるゲーム機（ゲームハード）に
なります。

　本章では、ファミコン（第三世代）以降の家庭用ゲーム機およびゲー
ム開発について、その開発の歴史を見ていきます。

世代	発売年	ハード	メーカー（名称は当時のもの）
第三世代	1983	ファミリーコンピュータ	任天堂
第四世代	1988	PCエンジン	NECホームエレクトロニクス
	1988	メガドライブ	セガ・エンタープライゼス
	1990	スーパーファミコン	任天堂
	1990	ネオジオ	SNK
第五世代	1994	セガサターン	セガ・エンタープライゼス
	1994	PlayStation	ソニー・コンピュータエンタテインメント
	1996	NINTENDO64	任天堂

	1998	ドリームキャスト	セガ・エンタープライゼス
第六世代	2000	PlayStation 2	ソニー・コンピュータエンタテインメント
	2001	ニンテンドーゲームキューブ	任天堂
	2001	Xbox	マイクロソフト
第七世代	2005	Xbox 360	マイクロソフト
	2006	PlayStation 3	ソニー・コンピュータエンタテインメント
	2006	Wii	任天堂
第八世代	2012	Wii U	任天堂
	2013	PlayStation 4	ソニー・コンピュータエンタテインメント
	2013	Xbox One	マイクロソフト
第九世代	2017	Nintendo Switch	任天堂
	2020	Xbox Series X ／ Series S	マイクロソフト
	2020	PlayStation 5	ソニー・コンピュータエンタテインメント

※https://ja.wikipedia.org/wiki/ゲーム機 をもとに作成

1980年代（第三世代～第四世代）

　ゲームの進行状況をセーブし、そのセーブデータをロードして途中から再開できるのはいまや当たり前ですが、実は、このセーブ機能は第三世代のゲーム機から搭載された機能です。この世代のゲーム機からは、進行状況が保存できるようになったため、より広大なストーリーを楽しむことができるようになりました。

　ゲーム開発では、企画、プログラム、デザイン、サウンド、テストなどさまざまな作業が必要となりますが、この時代のゲーム開発規模は比較的小規模で、基本的に1人が複数の役割を兼任する形でした。

ファミコンソフトの容量は1メガバイト（1024キロバイト）程度であり、これは今でいえば写真1枚程度の容量でゲームを作っていたことになります。スーパーマリオブラザーズは40キロバイト、ドラゴンクエスト3は256キロバイト、その続編のドラゴンクエスト4でも512キロバイトと、今では考えられないくらい少ない容量ですが、それでも1メガバイトをフルで使うようなゲームはほとんどありませんでした。

　現在ではグラフィックスは3D表現、キャラクターボイスはフルボイスが当たり前ですが、この時代はドット絵による2Dグラフィックスで表現され、キャラクターのボイスも当然ありませんでした。使える色の数や音の数が限られており、それらをうまく組み合わせて工夫してゲームを開発していました。

　ファミコン用のゲームソフトを1本開発するのに、おおよそ5人程度の開発体制で開発期間は6カ月程度、開発費用は1000万円程度だったといわれています。

　ファミコンゲームソフトの価格はおおむね4000円〜6000円の間でしたが、この時代のゲーム業界はバブル期ともいえ、ゲームを出せば数万本は売れる状況であり、1000万円程度の投資で数億円のリターンが期待できたため、さまざまな企業がゲーム開発に乗り出してきました。

🐾 1990年代（第四世代〜第六世代）

　第四世代のゲーム機では以下のような変化があり、第四世代のゲームはドット絵やスプライトによる2Dゲームの最盛期でした。

- 高度なスプライト機能を搭載して2Dグラフィックスの表現力が向上
- ステレオサウンドが標準に
- ゲームの複雑化・高度化
- 対応するコントローラの多ボタン化

1990年代中期になるとPlayStationやセガサターンなど、当時次世代

機といわれていたゲーム機の登場で3Dグラフィックスの表現ができるようになりました。ゲームソフトの媒体もROMカセットから光ディスクに切り替わったことで容量が増え、ゲームボリュームの増加や表現の幅が広がり、より魅力的なゲームの開発が実現できるようになっていきました。

　新しいゲーム機向けのゲーム開発となると、技術投資、機材投資、人材投資などにより多額の先行投資が必要となり、ファミコンブームに乗ってゲーム開発をしてきた企業の多くはこの次世代機でのゲーム開発には慎重な姿勢を取っていました。

　3Dグラフィックスではキャラクターモデル、テクスチャ、モーションなどの作成が必要となりましたが、これらは作業量が多く専門的な技術も必要でした。そのため、1人で複数の役割を兼任していくことが難しくなり、分業化が進んでいきました。その結果、開発体制が大きくなり、開発期間も長くなっていき、開発コストがよりかかるようになっていきました。

　この時代になるとゲームソフトを1本開発するのに20人程度の開発体制で約1年かかるようになり、1億円程度の開発費用が必要だったといわれています。つまりファミコン時代と比較すると約10倍もの開発費用がかかるようになったため、自社パブリッシングでゲームを出す企業が減っていき、デベロッパー（開発協力）となってパブリッシャーから報酬をもらいながらゲーム開発に取り組む企業が増えていきました。

2000年代（第六世代〜第七世代）

　2000年代は、ゲームハード累計販売台数歴代1位でもあるPlayStation 2が登場し、さらにこの年代の中で後継機への世代交代が起こるなど、ゲーム業界がかなり盛り上がった時代でした。

　この頃はブロードバンドの普及が進んでいった時代であり、ゲーム機もネットワーク対応がなされていきました。これまでPCゲームで多かっ

たオンラインゲームを家庭用ゲーム機でも遊べるようになり、PlayStation 2ではファイナルファンタジーXIが発売されて話題になりました。

　ハードウェアの進化によってグラフィックスの表現力やゲームボリュームが飛躍的に向上し、これまでにはなかったネットワーク関係のゲーム設計やプログラミング、3Dグラフィックスのリアリティ追求、マルチプラットフォームでのゲーム開発などにより、開発期間の長期化につながっていきました。

　この時代になるとゲーム開発は1〜2年程度の開発期間で、開発体制も30人規模が当たり前になっていき、開発費用は2〜3億円程度だったともいわれています。

　時代を追うごとに増えていくゲーム開発の規模や開発費用ですが、実はプログラムなどゲームのシステムを作る部分のコストは極端に増えているわけではありません。開発規模・コストが大きくなっている主な要因は3Dグラフィックスに関する部分です。それまではキャラクター1体を作成するための作業としては、「キャラクターデザインをして、そのあとドット絵など2Dグラフィックス作成を行う」だけだったのですが、3Dグラフィックス作成では「キャラクターデザインのあと、キャラクターモデルを作成し、そのモデルに貼るテクスチャを作成し、そしてキャラクターを動かすためのモーションを作成する」といったようにさまざまな工程が必要になり、作業量自体が増えてきたのです。

　2000年以降、2ちゃんねるなどの掲示板や、mixi、GREE、TwitterなどのSNSが普及し始め、ネット上でのコミュニティ活動が活発になっていきました。ネット上で気軽に情報発信できるようになったことでゲームに対してのネガティブな情報も多く発信されることになり、ゲーム自体やゲーム会社のブランドイメージを左右するようになってきましたが、これはユーザーが求める品質レベルが上がっていることの表れでもありました。

2010年代以降（第八世代〜第九世代）

　ゲームを購入する際、これまではゲームショップやオンラインショップなどでパッケージを購入する形が主流でしたが、2010年以降はダウンロード販売が一般化し、ゲームショップに買いに行ったりオンラインショップからの荷物を待ったりしなくても、発売日になったらすぐにゲームをプレイできるようになっていきました。また、インターネットが普及し、回線速度も高速化してきたことから、ゲームハード、ゲームソフトともにオンライン環境であることが前提の作りになっていきました。

　ユーザーのプレイ環境がオンライン環境前提となったことで、ゲーム発売後に致命的なバグがあった場合は修正パッチを配信して、それを適用することでバグ修正を反映させたり、DLC（ダウンロードコンテンツ）として追加コンテンツを配信したりすることが当たり前になりました。

　それまでは、ゲーム発売後に致命的なバグが見つかった場合は、バグ修正を入れたリマスター版を作成してすでに流通しているパッケージを差し替えたり、購入済みのユーザーに対して無償でリマスター版を提供したりと、大変なコストがかかっていました。そのため、よほど大きな問題でなければ対応は行われませんでしたが、こうしたパッチ配信の形になったことで、リリース後のバグに対しての対応が取りやすくなりました。

　また、それまでは一度クリアしたらもう遊ばなくなってしまっていたゲームが、DLCによって再び遊ばれるようになるなど、ゲームのプレイ寿命も延びていきました。追加コンテンツを配信することには、そのゲームのファンの満足度が上がったり、次回作へのつなぎとなったり、ゲーム開発の視点だと開発したさまざまな資産を再利用して開発できたりと、コストパフォーマンスがよいという利点もあります。

　この時代になると、ゲーム開発に2年以上かかることも珍しくなくなり、開発規模も50人程度と大規模に、開発費用は5億円以上にもなりました。ゲームのリッチ化も要因の1つですが、他に最初から海外版も含め

て開発をしていくことが増えたのも理由だと考えられます。2000年代までは日本市場を中心に考えられることが多かったのですが、近年では海外市場が中心になってきており、実装する言語も英語や欧州FIGS（French、Italian、German、Spanish）だけではなく、アジア圏や中東圏をターゲットにすることもあります。

リマスター版のテスト

　筆者は過去にリマスター版のテストを経験したことがありますが、そこではセーブデータの互換性の確認が重要視されていました。

　例えば、最初のマスター版をM1.00版とし、リマスター版ではメジャーバージョンを上げてM2.00版としてバージョン管理がされていましたが、セーブデータの互換性の確認のために一定の種類のセーブデータをM1.00版で作成し、M2.00版で読み込ませてゲームプレイをした際に異常が起きないか、その逆にM2.00版でセーブデータを作成しM1.00版で読み込ませてゲームプレイした際に異常が起きないかといったことを確認していました。近年ではパッチやDLCが多くなっていますが、これらも同じように組み合わせの確認が必要になってきます。

2-2 モバイルゲーム開発

　1990年代後半から普及し始めた携帯電話は、2003年にはその保有率が94.4%にも達し、生活必需品となっていきました。携帯電話はその後も高い保有率を維持していきますが、2010年に保有率9.7%だったスマートフォンが2015年には保有率72%と急速に普及が進み、携帯電話に代わる生活必需品となっていきました。

■ 我が国の情報通信機器の保有状況の推移（世帯）

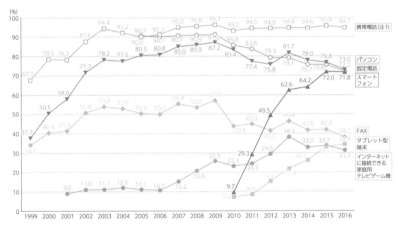

※携帯電話にはPHSを含み、2009年から2012年まではPDAも含めて調査し、2010年以降はスマートフォンを内数として含めている。
※出典：平成29年版情報通信白書（総務省）
https://www.soumu.go.jp/johotsusintokei/whitepaper/h29.html

　携帯電話もスマートフォンも普及とともに端末性能が進化していき、それにあわせてゲームも進化していきました。カメラ機能が付いたり、インターネット接続ができるようになったり、Webブラウジングができ

るようになったりしたことで、携帯電話ではブラウザゲームが中心になっていきました。また、GREEやMobageといったSNSが流行り、次第にSNS上で遊べるゲーム（ソーシャルゲーム）が流行っていきました。

　ここからは、さまざまなモバイル端末を以下のように分類し、ゲームが遊べるようになったフィーチャーフォン以降におけるゲームについて考えます。

- 携帯電話：主な利用用途は電話機能であり、それ以外の機能は多くない
- フィーチャーフォン：電話機能以外にもメール、カメラ、インターネット接続などさまざまな機能が利用できる。ゲームはブラウザゲームやソーシャルゲームが中心
- スマートフォン：モバイル端末がより高機能化し、パソコンに近いもの。ゲームはネイティブアプリが中心

ブラウザゲーム

　ブラウザゲームはその名のとおりウェブブラウザで遊べるゲームを指します。インターネットに接続できる環境さえあれば、ゲームをダウンロードしたりインストールしたりする必要がなく、どこでも遊べる特徴を持っています。

　1999年にiモードやEZwebといったサービスが開始されると、モバイル端末でインターネット接続ができるようになり、通話専用であったものがパソコンに代わるインターネット端末になっていきました。インターネット接続以外にも、メールや着メロ機能などが搭載され、多機能携帯（フィーチャーフォン）へと変貌していきました。液晶画面もモノクロからカラーになり、ゲームもフィーチャーフォンで遊ぶのが一般的になっていって、移動時の隙間時間に気軽に遊べるブラウザゲームが人気を集めていきました。

　当時はインターネットの通信速度も遅くて大容量の通信もできず、

フィーチャーフォンの性能やブラウザの制約もあり、多くのブラウザゲームのゲーム性は比較的シンプルなものでした。

　ブラウザゲームはパソコン1台あれば開発できるため、企業だけではなく個人でもブラウザゲームを開発してゲーム投稿サイトなどで公開することが増え、中には大ヒットするゲームも出てくるようになりました。

ソーシャルゲーム

　ソーシャルゲームとは「SNS上で提供されるオンラインゲーム」を意味し、主にGREEやMobageなどSNS上で提供されてきたゲームのことを指します。専用のゲームハードを必要とせず、当時急速に普及してきたフィーチャーフォンでプレイすることができました。

　これまでゲームは売り切り型であり、ゲームソフト1本あたりの値段が決められていて、ゲームをプレイするまでにお金がかかりました。しかし、ソーシャルゲームではゲームプレイは基本無料となり、普段ゲームをプレイしないユーザーもソーシャルゲームをプレイするようになりました。

　ソーシャルゲームは「基本無料」をうたい文句に大量のユーザーを獲得し、ゲーム内で有料アイテムを販売していくことで収益を立てるフリーミアムモデルのため、ユーザーにいかに有料アイテムを購入してもらうかが重要となります。ユーザーに有料アイテムを購入させるために他のユーザーと強さを競わせるのですが、そうした射幸心をあおる実装の1つがガチャです。

　ガチャを実装していく中で生まれたのが、**コンプガチャ**という手法です。コンプガチャとは、ガチャで入手できる特定の数種類のアイテムをすべてそろえる（コンプリートする）と、レアアイテムを新たに入手できる、という仕組みです。「特定の数種類のアイテム」を入手するにはガチャを何度も回す必要があるのですが、レアアイテム欲しさにガチャに高額な課金をするユーザーが増え、トラブルが頻発することになりまし

た。中には未成年の子どもが親のクレジットカードを無断で使い、月に数十万円の請求が発生したケースもあり、メディアからの批判も強くなって大きな社会問題になりました。

　ゲーム業界ではこの社会問題化を受け、課金の利用限度額を設定するなどの自主規制を行い、「コンプガチャガイドライン」を作成してコンプガチャを廃止していく方針をとりました。また、消費者庁によりコンプガチャが景品表示法違反である見解が示され、コンプガチャに対して景品表示法が適用されるようになって、この問題は収束していきました。

　ソーシャルゲームはゲームビジネスの新しい形となり、ゲーム産業を一変させました。これがソーシャルゲームバブルです。2007年～2010年はソーシャルゲーム黎明期ともいえる時代ですが、この頃のソーシャルゲームの開発費用は1000万円程度であり、期間も1～3カ月程度で開発できていました。

　売り切り型中心だったコンシューマーゲームとの大きな違いとして、ソーシャルゲームはオンラインゲームであり、ゲームをリリースしたあとにゲームを運営していかなければならないことが挙げられます。ゲーム運営の中で、新規ユーザー獲得や既存ユーザー維持のためにイベントを開催したり、ユーザーの反応を分析しながらゲームに新規機能を実装したり、他にも既存機能を改修したりと、ソーシャルゲームにはより長くゲームを楽しんでもらおうという工夫が多くなされています。

　ゲームの運営を維持していくためには、ユーザーの継続率や課金額の維持・向上が必要となり、そのためにDAU（Daily Active Users：1日のアクティブユーザー数）やARPU（Average Revenue Per User：1ユーザーあたりの平均売り上げ額）などのさまざまな指標を用いて分析を行うようになりました。

　GREEやMobageが大きなブームを起こしていた当時は、一発を狙ってローリスクハイリターンなソーシャルゲーム開発に参入してくる企業も少なくありませんでした。しかし射幸心をあおる手法や高額課金などの問題が叫ばれるようになり、またスマートフォンが普及し始めてネイ

ティブアプリとしてリッチなゲームが遊べるようになってくると、ユーザーは徐々にソーシャルゲームから離れていきました。

スマホゲーム

2010年代前半に急速にスマートフォンが普及してくる中で、ゲームユーザーのモバイル端末もフィーチャーフォンからスマートフォンに切り替わっていきました。先ほど述べたようにソーシャルゲームは主にブラウザ上で動作するものであったため、ゲームのシステムや表現に限界がありました。しかし、スマートフォンのネイティブアプリ（**スマホゲーム**）開発ではそういった制約を受けないため、これまでのコンシューマーゲームと遜色ないゲームが次々と登場してきました。

ゲーム開発の仕方が根本的に変わり、またスマートフォンのOSにはAndroidとiOSの2種類あってどちらにも対応させていく必要があったため、もはや1000万円程度では1本のゲームを開発することは難しくなりました。5000万円〜1億円という開発コスト、そして開発期間も半年〜1年かかるようになっていき、携帯ゲーム機向けのゲーム開発と大差ない状況になっていきました。

しかしビジネスモデルとしてはソーシャルゲームの流れが踏襲され、スマホゲームでも「基本無料、アイテム課金型」が主流となりました。つまりゲームをリリースして終わりではなく、リリースしたあと定期的なアップデートやイベントを繰り返してユーザーの新規獲得と維持をしていく必要がありました。

スマホゲームのユーザー数や売り上げなどはリリース時がピークといわれ、その後緩やかに減少していくことが多いため、リリース直後のGoogleやAppleなどのストアランキングが重要になりました。そしてストアランキング上位に入るためには大規模な広告宣伝が必要になり、広告宣伝費も高騰していきました。

コンシューマーゲームではゲームのリリース前に体験版を出すことがありますが、これはユーザーの購買意欲を高めるためのものであり、ユーザーからの意見を集めてゲームの改善に役立てることはあまりありません。一方、スマホゲームでは**CBT（Closed Beta Test：クローズドベータテスト）**という形でβ版のゲームを一部のユーザーにプレイしてもらい、サーバーの負荷テストを行ったりユーザーの意見を集めたりしてマスター版開発に向けた改善を行っていきます。

　ゲーム開発は多額の先行投資が必要ですが、コンシューマーゲームはパッケージ販売でありリリースのタイミングで資金を回収できます。一方スマホゲームは、リリースのタイミングで一気に資金回収するのではなく、ゲームを運営して継続的に収益を得て回収することになります。そのため、スマホゲームでは、先行投資分の資金を回収するまでの期間はコンシューマーゲームに比べて長期になります。

　スマホゲームのサービス終了までの平均的なゲーム寿命はおよそ2年半といわれていますが、中にはリリースから半年程度でサービス終了するものも少なくなく、そうなると開発費用はほぼ回収することができず、数億円の赤字で終わってしまう可能性もあります。

　スマホゲームはイベントの運営や機能改修などで継続的に運営費がかかりますが、この運営費すらまかなえなくなるとサービス終了が間近に迫っているといえます。スマホゲームの運営費は1カ月あたり3000万円以上かかることが多いため、ゲーム運営を継続するかどうかは3000万円の収益が見込めるかが1つのボーダーラインになってくるとされています。

🐾 ハイパーカジュアルゲーム

　近年、**ハイパーカジュアルゲーム**という言葉が話題になっていますが、皆さんはこれがどのようなゲームかご存じでしょうか？

　ハイパーカジュアルゲームは、以下のような特徴を持つゲームを指し

ます。

① 年齢、性別、国籍などにかかわらず、誰でも遊べるシンプルなゲーム
② 短時間でのプレイが可能であり、いつでも気軽に遊べるゲーム
③ 集客とマネタイズが広告に頼っているゲーム

　スマホゲームはユーザーにゲーム内で課金をしてもらうことで収益を得ていましたが、ハイパーカジュアルゲームはほとんどの収益をアプリ内の広告収入に頼っており、ゲームビジネスの新しいビジネスモデルといえます。

　アプリ内広告には、以下に示す「インタースティシャル広告」と「リワード広告」という2種類があり、この2つをうまく組み合わせて活用してユーザーを離さずに広告を見せています。

● インタースティシャル広告：アプリ画面の切り替え時に表示される広告。インタースティシャル広告が表示された際、ユーザーは広告をタップしてリンク先に飛ぶか、広告を閉じて元の画面に戻るかを選べる
● リワード広告：条件を満たした際にユーザーに対して報酬（リワード）が付与される広告。広告リンク先でアプリをダウンロードしたり、広告動画を最後まで視聴したりすることにより報酬が得られる

　ユーザー集客という側面からも、これまでのゲームとの違いが見られます。ハイパーカジュアルゲームでは、Google Play や App Store などのストアランキングなどで集客を期待するのではなく、SNS などに掲載する広告からの集客を期待しています。

　まずゲームのプロトタイプができたら広告を配信し、目標として定めたKPI（Key Performance Indicator：重要業績評価指数。目標達成度合いを定義するための基準）を達成できるかを確認します。もしKPIが達成できなかった場合はそこで企画終了となり、KPIが達成できた場合は本リリースへと進んでより大きな広告費をかけていきます。

また、ハイパーカジュアルゲームは最初からグローバル展開を視野に入れているため、日本だけでしか受けないようなゲームは作りません。あくまで世界がターゲットとなるため、誰でも遊べるゲーム性が必要となります。

Pay to winからPay to funへ

ソーシャルゲームでは他のユーザーと競ったり対決したりするシステムが多かったため、相手より強くなり勝つために課金（Pay to win）をする形が多く、それはスマホゲームが主流になってからもしばらく続きました。

しかし、近年ではユーザーの課金に対する考え方に変化が起きており、ゲームを楽しむための課金（Pay to fun）が増えてきています。強いキャラや強いアイテムを手に入れて他のユーザーに勝ったりランキング上位に入ったりするのが目的ではなく、既存キャラの新コスチュームを購入して満足度を高めるといった具合です。

課金をすることでゲームが有利になるわけではなく、ただキャラクターの見た目が変わるだけですが、そのキャラクターのファンであるユーザーにとっては非常に満足度の高いコンテンツとなるのです。

第3章

ゲームテストのための組織

ゲーム開発には「仕様どおり正しく動いているか」「特殊な遊び方をしたときに異常が出ないか」「ゲームバランスが崩壊していないか」などの確認が必須です。

　ファミコン時代のゲーム開発などでは1人で複数の役割を担うことが多く、テストは開発チーム全員で行うこともありましたが、現在は分業化が進んでおり、テストはテスト専門の組織や人員が担当しています。
　以前は「ゲームデバッグ（バグ出し）は誰でもできる」「新人はまずテストから」といった文化や風習がありました。そのため暗黙的に開発とテストの中で上下関係ができてしまい、テスト担当者は開発チームの御用聞きとなってしまいがちでした。
　しかし、品質の重要性は増していき、ゲーム以外のソフトウェア開発においてテストの必要性が認知されてきたこともあって、ゲーム開発においてもテストチームの役割や立ち位置が定まってきました。それにより、徐々に暗黙的な上下関係はなくなっていき、開発とテストが対等な関係となってきました。

　本章では、そんなテスト担当者やテストチームのプロダクトへのかかわり方について見ていくことにします。

3-1 ゲーム会社の品管

　パブリッシャーやデベロッパーなどのゲーム会社の中でテストを担当する組織は「品質管理」「品管」などと呼ばれます。ゲーム会社の品管では、自社で開発・リリースするゲームに対してテストを行います。

　また、パブリッシャーの中には、自社ではプロデュースやディレクションのみを行い、ゲーム自体の開発は外部のデベロッパーに委託するケースもあります。この場合、パブリッシャーでは必ずテストを行うのですが、デベロッパーでどの程度までテストを行うのかは、パブリッシャーとデベロッパーの間での取り決めにより、以下のように分かれます。

パターン①：開発からテストまでデベロッパーにお任せ

　デベロッパーで企画から開発、テストまですべてを行い、パブリッシャーは主に全体のディレクションと、納品されたゲームの簡易的なテストのみを行います。

　デベロッパーは開発を行う組織のため、デベロッパーの中にテスト担当者やテスト組織がないことが多く、デベロッパーの中でテストをまかなえない場合は外部のテスト専門会社にテストを委託します。

パターン②：本格的なテストはパブリッシャーで行い、デベロッパーでは部分的なテストを実施

　デベロッパーの中ではごく少数のテスト担当者やテスト組織を設け、パブリッシャーに納品する前にデベロッパーの中で部分的なテストを行

い、本格的なテストはパブリッシャーで行う形です。

　デベロッパーでのテストは、パブリッシャーで本格的なテストを行うにあたり「ゲームの基本的な部分が動作しているか」「ゲーム進行やテストを進めるにあたって致命的なバグが出ないか」などの確認が中心になります。

🐾 パターン③：パブリッシャーでテストを行い、デベロッパーは開発担当者のセルフチェックのみ

　このケースでは、パブリッシャーですべてのテストを行います。そしてデベロッパー側で行うのはプログラマーなど開発担当者自身のセルフチェック程度のみです。このため、ゲームをパブリッシャーに納品したあとにゲームが起動できなかったり、ゲームやテストを進行するうえで致命的な問題が発覚したりすることもあります。

🐾 社内に品管があるメリットとデメリット

　続いて、ゲーム会社の中に品管があることによるメリットやデメリットについても述べておきましょう。

　メリットとして大きいのは、ナレッジやノウハウが蓄積しやすいという点です。人員やアサインするタイトルを固定化して人員交代を少なくすることができ、ナレッジやノウハウの蓄積により作業効率の向上につながります。組織視点で見た場合、1つのゲームに長くかかわることはナレッジやノウハウ蓄積の面で利点といえますが、個人視点で見ると1つのゲームに長くかかわり続けることで知識や経験の幅が広がりづらくなり、キャリア形成の弊害となってしまう可能性もあるため、デメリットにもなり得ます。

- 品管があることのメリット
  - ナレッジやノウハウを自社内に蓄積できる
  - ナレッジやノウハウの蓄積により作業効率を上げていくことができる
  - 1つのタイトルに人員を固定化できる
  - 組織の文化や考え方を浸透させられる

- 品管があることのデメリット
  - 人員の固定化により、個人の経験やスキルが偏ってしまう
  - 作業が属人化しやすい
  - 人員交代が難しかったり、人員交代の引き継ぎに時間がかかったりしてしまう
  - 継続的に新しいスマートフォンなどの機材購入が必要となり、コストがかかる
  - テストで必要な人員数と品管内の人数をうまく調整しないと、待機人員が発生してしまって無駄なコストが生じる

　また、1つのタイトルにテスト担当者を固定化すると、その中での経験やスキルは高くなっていく一方、そのタイトルで担当しない作業についてはまったく経験を積めないため、テスト担当者の経験やスキルが偏ったものになってしまいます。

　例えば、役割の中心がバグ出しだったとした場合、何年もバグ出しを続けているとバグを見つける能力は上がっていきますが、テスト管理やテスト設計のスキルは向上しません。テスト設計を身につけたいと思っても、その組織でテスト設計を行っていなければ実践を通して身につけることができないため、テスターとしてしか活躍できなくなってしまいます。

　生涯テスターであってもよいと考える人もいるかもしれませんが、テスターの年収は高くなく、30 〜 40代のミドル層になるとリーダーやマネージャーなどになることが期待されます。現場管理や組織管理、より

高度なテスト知識・技術を習得して専門性を高めるといった経験をしていない場合、20代の若手に混ざってバグ出しをすることになってしまいます。

　バグ出しはあくまでテスト実行工程の作業の1つであり、テストプロセス全体で考えると下流工程です。バグ出しが軽視されるということではないのですが、プロセスの上流工程は全体の活動に影響するので重視され、ビジネスへの影響度合いも大きくなるため、一般的には担当する工程が上流にいくほど報酬（年収）も高くなっていきます。そのため、専門的な知識や技術がなくバグ出し経験が高いだけのテスターでは、年収は一定以上上がらなくなってしまいます。

　ゲーム会社の品管では自社のゲームがテスト対象となり、自社のゲームへの愛着や、よりよいゲームにしようという熱意が高いのも特徴です。バグがないかや機能が正しく動いているかといった視点以外にも、使いやすさやわかりやすさなどの視点での確認も行い、よりよいゲームになるための改善提案を行うこともあります。自分の意見がゲームに反映されたり、ゲームのスタッフクレジットに自分の名前が載ったりするのはゲーム会社の品管の醍醐味といえるかもしれません。

　しかし、テスト対象となるゲームは自社パブリッシングのゲームに限られるため、幅広くさまざまなゲームにかかわりたいと思う人にはゲーム会社の品管は合わないでしょう。

　ゲーム会社の品管とはいっても、すべてのテスト活動を自社のみでまかなっているわけではありません。開発の状況にあわせてテスト人員の増減が発生するため、一定の固定人数は品管でまかないつつ、それ以上にテスト人員が必要となったり自社にはない専門的なスキルが必要だったりする場合は、外部のテスト専門会社に相談することになります。

3-2 テスト専門会社

テスト工程や部分的なテスト作業などを請け負っている会社を、俗に**テスト専門会社**といいます。さまざまな企業からさまざまなプロジェクトの品質やテストについての相談に対応しており、多種多様なノウハウがたまっていることがその特徴です。

ゲーム業界では、1994年に日本初のゲームデバッグ専門会社が設立されるまでは、テストは開発担当者が行うか、プロジェクトごとにプロジェクトが解散するまでの期間限定でテスターを集めて対応していました。すぐに次のプロジェクトがあればよいのですが、次のプロジェクトがない場合は別の仕事をする必要があり、非常に不安定な仕事でした。

一口にテスト専門会社といってもさまざまな会社があり、単価の安さ、人員の多さ、機材の豊富さ、テストの知識・技術の高さなど、各社がそれぞれの強みを持っています。

ゲームのテストでは、開発状況やリリースタイミングなどによって必要となるテスターの数が激しく増減します。発注元のゲーム会社から「明日のテスターを10人増員したい」といった話がくることもしばしばあるため、流動的な人員の増減に対応できるのは1つの強みといえます。

また、ゲームのテストは、コンシューマーゲームのビッグタイトルではピーク時に1日100人のテスターが必要になったり、人気スマホゲームの運営では1日30〜50人のテスターが必要になったりすることがあり、テスト費用もばかにならない金額になるため単価の安さも魅力的です。ただ、安ければよいかというと必ずしもそうではありません。安くてもテストの質が悪ければバグが市場に流出し、ゲームそのものやゲーム会

社自体の評価を落としてしまうことになり、そうなっても元も子もありません。そうならないように、単価は高くてもしっかりとテストの知識や技術を持っているテスト専門会社に依頼することも大切です。

テスト専門会社は以下のような特徴を持ちます。

- 単価が安い
- 直前でも大量人員のアサインが可能
- テスト機材が豊富
- 戦略を持ったテスト活動ができる
- ソフトウェアテストの知識や技術が身についている
- バグ出しが得意

テスト専門会社では地域ごとに複数のテスト拠点を持っていることが多いのですが、すべての仕事をテスト拠点で行っているわけではありません。中にはゲーム会社に行って、そのゲーム会社の開発チームや品管と混ざってテストを行うこともあります。こういった常駐型の仕事の場合は、顧客となるゲーム会社からの指示でテスト活動をすることが多く、テスト拠点で行うような仕事の場合は逆に、すべてをテスト専門会社にお任せという形が多くなります。

常駐型の場合、かかわる期間は「そのプロジェクトが終わるまで」が多く、長く継続する場合は年単位でかかわることもあります。テスト拠点で対応する仕事は短期間の依頼も多く、一定期間でタイトルが変わっていくため、幅広くさまざまな経験を積みやすくなっています。

テスト専門会社は外部組織という立ち位置でテストにかかわるため、顧客の開発チームにキャリアチェンジするような機会はまずありません。まれにプランナーサポートといった開発作業のサポート作業が発生することはありますが、そこからプランナーになれるかというと可能性はかなり低いといえるでしょう。

　というのも、プランナーサポートとして成果を出して顧客の開発チームからの評価が高かったとしても、顧客企業がテスト専門会社の人員に自社への転職を促してしまうと引き抜き行為にあたり、会社間で大きな問題になる可能性があるためです。将来的に開発へのキャリアチェンジを狙いたい人は、テスト専門会社は合わないでしょう。

　テスト専門会社の活用にあたり、デメリットは大きく2つあります。

　1つ目は発注元の企業内にナレッジやノウハウがたまりづらいことです。テスト専門会社のテスト拠点でテスト実務が行われる場合、発注元のゲーム会社にはそのテスト結果が報告される形になります。テストをした結果どうだったかという情報はたまっていきますが、テスト実務はまったく見えないためナレッジやノウハウがたまりづらいのが実情です。

　2つ目は、ゲーム会社内の品管よりもコストがかかる可能性があることです。ゲーム会社内の品管での直接雇用の人件費とテスト専門会社への外注費を比較すると、人件費だけでいえば2倍以上の差が出ることがあります。ただし、これは単純に人件費だけで比較をした場合で、実際の組織運営には地代・家賃、水道光熱費、機材購入費、通信料、教育・研修費、福利厚生費などがかかるため、実際にはそれらのコストの考慮も必要になります。

テスト専門会社における取り組み

　テスト専門会社では、所属する社員のスキルアップのために研修などの支援を行っています。研修内容には、例えばビジネスマナーの研修からソフトウェアテストを学ぶ研修、プロジェクト事例や各プロジェクトでのナレッジ・ノウハウの共有など、幅広くさまざまなものがあります。

　テスト専門会社には多くのテスターが在籍しているため、特定ジャンルが得意なテスター、特定の漫画やアニメに詳しいテスターなどをそろえることも可能です。こういったドメインに関する知識の勉強会や情報の共有会も開催されることがあり、テスト専門会社の特徴の1つでもあり

ます。

　ゲームは世界観やキャラクターを大事にしていますが、開発者が必ずしもその作品（漫画やアニメなど）に精通しているかというと、そうともいえません。作品の世界観に合わない内容が含まれていないかなどを確認するために、特定の作品に詳しいテスターを入れることがあります。

　また、テスト専門会社では、テスト実行作業だけではなく、テストにかかわるさまざまなコンサルティング活動も行っており、一例として以下のようなものが挙げられます。

- 品管立ち上げに伴う体制構築
- テストプロセスの改善
- 品質分析／改善支援
- テスト自動化の導入支援
- 人材教育／育成

　テスト専門会社に求めるのは幅広いナレッジ・ノウハウであり、ゲーム会社の品管の中だけでは知見がないものや、外部の客観的な視点から意見をもらって組織をよりよくしていくためにテスト専門会社にコンサルティング活動を依頼することがあります。

3-3　テスト組織のかかわり方

　テストには客観的視点が求められます。

　開発者は自分で仕様を決めたりプログラムを組んでいるために思い込みや先入観を持ちやすく、それによってテストすべきことが漏れてしまったり、バグの見逃しにつながったりしてしまいます。こうしたことを避けるために、テストは一般的に開発者以外が行うことが望ましいとされています。このようにテストの独立性を保つことで、より効果的なテストを行うことができるのです。

　テスト担当者やテスト組織のかかわり方にはいくつかの形があります。大きく分けて、自社内でテストを行うか、外部のテスト専門会社に依頼をするかの2種類になりますが、自社内でテストを行う場合でも開発チーム内にテストチームがある場合と、組織として品管があって開発とテストが別組織である場合の2種類あるため、合計で3種類のかかわり方が存在します。

🐾 ケース①：自社内の開発チームの中でテストする

　1つの開発プロジェクトの中で、プログラマーチーム、デザイナーチーム、サウンドチームなどの開発者チームと同じ形でテストチームが存在するケースです。会社組織として品管があるわけではなく、プロジェクトの体制としてテストチームがある形です。

開発チーム内

開発者　　　テストチーム

　このケースでは指揮命令系統の上位者がディレクターやプランナーとなり、開発チーム内に含まれているためテストチームの独立性は低くなりますが、開発者と近い距離感で開発作業と密接に結びつきながら作業できるため、開発チームの一員であることを強く意識することが可能です。

　テスト活動についても、そのゲームをよりよくするために、という視点が強くなり、ユーザビリティやゲームバランスなど、面白さについて踏み込んだ活動も出てきます。また、場合によっては開発者の補助的な作業が入ってくることもあります。例えばプランナーが行うマスターデータの更新やイベントスクリプトの作成作業の一部を担当するといったこともあり、テスターから開発へのキャリアチェンジが叶う可能性もあります。

　プロジェクト内のテストチームの規模はまちまちですが、一般的に人数は少なく、リソース不足になるとテスト専門会社に依頼することになります。

🐾 ケース②：自社内の開発チーム外でテスト

　会社というくくりでは同じ組織に属してはいるものの、開発チームと品質管理（品管）といった形で別々の組織として存在するケースです。開発チームとは別組織となるためテストの独立性が生まれ、開発への忖

度が軽減されることで客観的な観点や活動が高まり、テストの抜け漏れ防止につながります。

　このケースでは、その会社で開発・リリースされるゲームは基本的にすべてテストを行い、品管のOKが出ないとリリースできないといった形を取っている組織もあります。

　しかし、独立した品管があることにより、開発チームの品質に対する意識が薄れてしまう懸念もあります。品管がテストを行ってくれるという安心感から、プログラマーなど開発者自身のテストが甘くなり、結果的に品質が低下してしまう可能性があります。

🐾 ケース③：別会社がテストを担当

　テストをすべてテスト専門会社に外注し、ゲームを開発する会社とテストを行う会社がそれぞれ別会社であるケースです。別会社に外注をしているためテストの独立性は高くなりますが、テスト活動の内容は契約内容に基づいており、開発チームの一員という意識を持ちづらくなります。

　また、テストの独立性が高いためテスト活動の客観性も高くなり、テスト専門会社はさまざまな企業・プロジェクトでのテスト活動の経験・ノウハウを持っているため、幅広い観点でのテスト活動が可能になります。

　しかし、会社自体が別であることから、情報が伝わらなかったり遅くなったりしてしまうことがあります。また、物理的な距離が遠くなることによりどうしてもコミュニケーションに時間がかかってしまうことも懸念点といえます。

　このケースでは、パブリッシャーが懇意にしているテスト専門会社をデベロッパーに指定してくることもあれば、デベロッパーにテスト専門会社の選定を任せる場合もあります。

　デベロッパーがテスト専門会社を選定する場合は、ディレクターやプランナーの好みが入ることもありますが、以下のような評価軸があります。

- 安さ重視
- 人的リソースの柔軟性重視
- テスト技術重視
- 戦略性重視
- 漫画やアニメなどのドメイン知識重視

● コミュニケーション重視

　一般的には、複数のテスト専門会社に相談をして相見積もりを取り、テスト専門会社の総合的な提案内容を見てどのテスト専門会社にするか選定することになります。

開発プロジェクトの中のテストチーム

　品質への意識の高まりからテストの独立性を保つケースが増え、近年ではこの形は少なくなってきた印象を受けます。とはいえ、実際に開発プロジェクトの中にテストチームが存在するケースもあります。

　しかしこうした場合も、あくまで別組織として存在する品管にテストを依頼するためや、デベロッパーであればパブリッシャーに納品するために、開発チーム内で最低限の確認を行うためのテストチームであることが多い印象です。筆者も昔、こういった形でテストを担当したことがありますが、プランナーやディレクターなど開発チームの人はテストに無関心であり、開発や運営優先といった態度からもテストを下に見ていることがわかり、非常につらい思いをしました。

3-4 品質の種類

　テストチームは、テスト活動を通して品質の向上に貢献をしていきますが、品質には「当たり前品質」と「魅力的品質」という2種類の品質があります。この品質の定義は**狩野モデル**の中で分類・定義されています。

　狩野モデルとは、次の図に示すように顧客満足度に影響を与える製品やサービスの品質要素を分類し、それぞれの特徴を記述したモデルです。狩野紀昭氏によって提唱され、世界的にもKano Modelとして知られています。

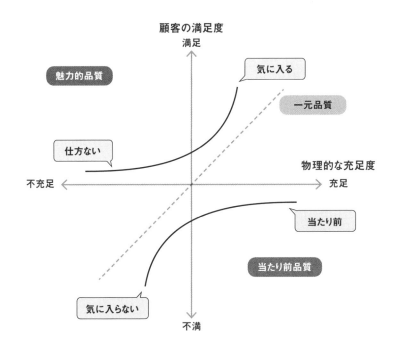

当たり前品質

　充足されていて当たり前とされる要素であり、充足されていても満足感は出ず、充足されていなければ不満となってしまう要素です。

　ゲームでたとえると、ユーザーとしては「バグはなくて当たり前」であり、ゲームをプレイしていてバグに遭遇しなかったからといって満足感は得られませんが、逆にバグに遭遇してしまうと不満を感じてしまう、といったことが挙げられます。

　他には、スマホゲームで一般化しているログインボーナスも当たり前品質の要素の1つであると考えられます。スマホゲームにおいてはログインした日数に応じたボーナスを獲得できることが一般化しており、ユーザーはログインボーナスが獲得できて当たり前と感じていることでしょう。

　ログインボーナスではゲーム内アイテムやゲーム内通貨、課金通貨などが獲得できる場合があり、このログインボーナスがなくなると不満を感じるユーザーは多いはずです。

　当たり前品質は、言い換えれば「ユーザーにサービスを提供するうえで最低限確保すべき品質」です。ユーザーが当たり前に期待する品質が担保できていない状態だと、ゲームブランドや会社の信頼低下などにつながってしまいます。

魅力的品質

　充足されていなくても不満は出ないが、充足されると満足感が出る要素です。

　ゲームでたとえると、無償ガチャ用の通貨・ポイントが挙げられます。これらは比較的たまりやすく、大量に無償ガチャを回せる状態になることがあります。ガチャは単発ガチャと10連ガチャの2種類であることが多く、無償ガチャ用の通貨・ポイントが大量にある状況では10連ガチャ

を何度も回す必要があり、時間もかかり面倒でもあります。

　スマホゲームではガチャの種類は単発ガチャと10連ガチャの2種類であることが多いため、この状況でも不満とはなりづらいのですが、例えば50連ガチャ、100連ガチャなど一度により多くのガチャを回せるようになると、ガチャ効率が上がりユーザーの満足感が高まる可能性があります。

　魅力的品質は付加価値を向上させるものであり、同時に差別化を狙えるものでもあります。ただ、魅力的品質は「こういう要素があったらよい」というもののため、すべてを挙げていくとキリがなく、割り切って捨てる勇気も必要になってきます。

品質の総合的な評価

　「品質」と一元的に表現する場合、当たり前品質と魅力的品質の総合的な評価が基準となります。そして、これら2つの品質がどちらも高い状態でないと「品質がよい」とはいえません。

　また、魅力的品質にあたる要素は、その要素が登場した直後は他にはない価値ある要素だったとしても、他のゲームやサービスもその要素を模倣して取り入れることが多いため、当初は非常に魅力のある要素だったものがいつしか当たり前の要素に変化してしまいます。

　例えば、スマホゲーム黎明期に大ヒットとなったパズルRPGも、リリース当初は他に類を見ない唯一のゲームでしたが、そのうち類似したシステムのゲームがいくつもリリースされました。その結果、ゲームジャンルやゲームシステムが確立されていき、スマホゲームのパズルゲームでは当たり前のゲームシステムになっていきました。

　このように、魅力的品質は時間の経過とともに当たり前品質へと性質が変化する特性があります。

3
4

品質の種類

当たり前品質

・セーブができる
・バグがなく、動作が軽い
・思った通りの操作ができる
・UIなど表示がわかりやすい

→

・セーブができる
・バグがなく、動作が軽い
・思った通りの操作ができる
・UIなど表示がわかりやすい

・オートセーブ機能がある
・ヒント機能がある
・難易度が選べる
・文章の早送り（スキップ）ができる
・ゲーム内イベントと連動した特典がある

過去　　　　　　　　　　　　　　未来　→

**魅力的品質から
当たり前品質に変わる！**

魅力的品質

・オートセーブ機能がある
・ヒント機能がある
・難易度が選べる
・文章の早送り（スキップ）ができる
・ゲーム内イベントと連動した特典がある

　現代では、ユーザーにとって当たり前と感じる要素が多くなってきています。当たり前品質は、その要素が欠けていると不満を感じるものですが、今の時代はメーカーに直接クレームを伝えるよりもSNSなどでその不満を投稿し、それが拡散して炎上につながっていくケースが多く見られます。

　クリエイティブな活動は魅力的品質の向上につながりますが、魅力的品質ばかりに意識を向けすぎると当たり前品質がおろそかになり、結果的に品質の低いゲームになってしまうため、注意が必要です。

3-5 テストから
開発へのキャリア

　専門学校などで企画やプログラミング、デザインなどを学び、ゲーム
会社への就職を目指していたものの、縁がなく希望の職種に就けなかっ
たという人の中には、何かしらの形でゲーム業界やゲーム開発にかかわ
る仕事がしたいという想いから、「未経験OK」とされるテストの仕事を
始める人もいます。

　こういった人たちの多くは、企画やプログラミングなど当初目指して
いたことは趣味の範疇となったりあきらめたりしていて再チャレンジを
考える人は少ないのですが、中にはあわよくばテストから開発にキャリ
アチェンジできればと考えている人もいます。

　テストから開発にキャリアチェンジができる可能性はないわけではあ
りませんが、組織体制次第であったり、いつでも誰でも歓迎というわけ
でもなかったりするため、実際に開発へのキャリアチェンジが叶う可能
性はかなり低いのが実情です。

　テストから開発へのキャリアチェンジを狙いたい場合は、テストの独
立性が低いゲーム会社を狙うと可能性が上がります。テストの独立性が
低いということは、開発チームと密接に結びついていることを意味して
おり、開発の補助的な作業が入ってくる可能性があるため、その作業を
率先して行っていることで開発チームの目にとまり、キャリアチェンジ
の可能性も出てくるのです。

　ただし、現在はゲーム会社の中に品管が存在する形がスタンダードに
なってきており、開発と品管の距離感は入社してからでないとわからな
いため、現実的には入社前にテストから開発のキャリアを狙っていくの
は難しいでしょう。

一方、テストの独立性が高い組織は、開発チームとも一定の距離感が置かれているため、開発の補助的な作業が入ってくるケースは少なく、開発へのキャリアチェンジの可能性は低いと考えたほうがよいでしょう。

ゲーム開発にかかわる職種の中途採用で未経験採用をしているケースは少なく、基本的には経験者採用となります。新卒時の就職活動で希望の職種に就けなかった場合、実務経験が積めない中であとから希望の職種に就職するのは難しいという事情から、テストから開発へのキャリアを夢見る人も一定数いるのではないかと考えられます。

テストから開発へのチャンス

筆者は大手コンシューマーゲームパブリッシャーや中小スマホゲームパブリッシャーなどの品管に在籍していた経験があります。大手コンシューマーゲームパブリッシャーでは、約8年在籍していた中で品管から開発チームに異動したのはたった1人だけでした。逆に、新入社員や開発チームの整理で行き場を失った人たちが品管にくることのほうが多く、アルバイトのデバッグリーダーが正社員に作業指示を出すといった不思議な光景になっていました。

中小ゲームパブリッシャーのほうは品管と開発チームとの距離感が近く、プランナーの作業の一部を担当することもありました。

第**4**章

ゲームデバッグは
もう古い！？

第1章でも述べたように、ゲームデバッグとは文字どおり「ゲーム」を「デバッグ」することですが、実はここでいう「デバッグ」という言葉は、本来の意味とは少し異なる使われ方をしています。

　デバッグという言葉は本来、「バグを探してそのバグを修正する活動」を指します。しかしゲームデバッグの「デバッグ」はバグを探し出す活動のみを指しており、そこにはバグを修正する活動は含まれません。

　なぜこういう使われ方をしているのか、確かなことははっきりしませんが、本来の意味でのデバッグの中でも重要な活動のバグ探しを指して、「バグ探し＝ゲームデバッグ」と呼ばれるようになったのではないかと思います。

　なお、ゲーム業界以外のテストの現場では、「デバッグ＝バグ探し」とは認知されておらず、「デバッグ＝バグを探してそのバグを修正する活動」という正しい意味で認知されている点には注意が必要です。

　ゲーム業界では昔からこのゲームデバッグが行われてきましたが、コンシューマーゲームが主流であった時代からスマホゲームが主流の時代に変化し、ゲームの開発方法やゲームビジネスも変化してきました。ゲームデバッグという昔ながらのやり方だけでは品質を担保するのが難しくなってきているのが現実です。

4-1 豊富な経験に依存した究極のアドリブ

　ゲームデバッグとは、バグ出しに特化した活動です。ゲームの仕様が適切であるかの確認はあまり含まれておらず、とにかくゲームを動かしてデバッガーが異常と感じる現象が発生しないかの確認を行います。

　ゲームデバッグのやり方は、いわゆるフリーデバッグと呼ばれる「デバッガーが自由にゲームをプレイして、デバッガーのセンスや経験からバグを探していく」やり方が主流です。「デバッガーのセンスって何？」と思うかもしれませんが、以下のような要素がセンスの有無につながります。

- 想像力や発想力がある
- 視野が広い
- 観察力がある
- 好奇心がある

　バグは予期しない操作から予想も付かない動きをすることが多く、デバッガーはゲームをプレイしながら「こういうことをしたらどうなるか？」を常に考えなくてはなりません。そのため、幅広い自由な発想力を持っていることで、デバッグ経験が少なくてもバグを見つけられる優秀なデバッガーになれる可能性があります。

　こうしたセンスのあるデバッガーがデバッグ経験を積んでいくと、ある程度狙ってバグを出せるようになっていくのですが、第1章でも述べたようにそういったデバッガーは少ないのが実際です。

　多くの人は見た目でわかる表示系のバグ出しや、聞けばわかるサウン

ド系のバグ、あとはボタンの同時押しやボタン連打系でのバグ出しが中心になります。経験を積んだりさまざまな情報を蓄積したりしていくことで、よりテクニカルなバグを見つけられるようになっていきますが、経験のうち最も重要なのはどれだけ多種多様なバグを見聞きしてきたかだといえます。

多くの人にとって、未知のことがらはなかなか想像がつきませんが、既知のことがらはイメージすることができます。つまり、どこで何をしたらバグが出たのかという情報を蓄積していくことで、似たような状況に直面したときにバグが出た操作をイメージすることができるようになるのです。

ただし、これにはたくさんの経験値が必要であり、すぐにできるようになるものではありません。また、個人のデバッグ経験に依存し、そのバグが発生する原理の理解まではできていないため、なぜバグの出る操作を行ったのかを聞かれると「過去の経験から」といった答えしか返ってきません。経験を積む以外の方法を誰かに教えてもらおうとしても論理的な説明ができず、人から教えてもらうことが難しくなります。

こうしたバグ情報を蓄積するには、自分でバグを見つける以外にも他のデバッガーが見つけたバグのバグレポートを見るのが非常に有効です。

🐾 バグが出やすい操作

ある程度デバッグ（バグ出し）の経験を積んでいくと、どういう部分でバグが出やすいか、何をしたらバグが出やすいかが感覚的にわかってきます。ここからは、そんなバグの一例を紹介します。

壁抜け系

当たり判定のチェックでは、壁や障害物などにプレイヤーを接触させて壁をすり抜けてしまわないかといった確認を行います。さらに、ただ正面から当たっていくのではなく、壁と壁のつなぎ目などに移動する角度を変えながら当たっていくことで壁をすり抜けてしまうこともありま

す。

　似たようなバグとして、RPGなどでストーリー進行上のポイントに
NPC（Non Player Character：プレイヤーではないキャラクター）を配
置して特定のイベントをクリアしないとそれ以上進めないようにしてい
る際に、NPCと壁の隙間に移動し続けるのにあわせてカメラ角度を変え
ていくことで、当たり判定をすり抜けて先に進めてしまうといったこと
もあります。

　他には、被弾・爆風などによる「すり抜け」というのもあります。プ
レイヤーが攻撃を受けると倒れたり吹き飛んだりしますが、これを利用
したバグです。受ける攻撃の種類によって吹き飛び方が変わるような実
装も多いですが、壁の近くで吹き飛んだときに壁にめり込んでしまうと
いった現象が起こることがあるのです。

ボタン同時押し、ボタン連打系

　ボタンの同時押しや連打は、バグ出し経験が浅くても比較的頻繁に行
う操作ですが、バグも起きやすい操作の1つです。

　ボタンの同時押しでは、処理の異なるボタンを同時に押すことでプロ
グラム上での処理を衝突させて異常を狙うことになります。例えば、決
定ボタンとキャンセルボタンを同時に押した際に、どちらの処理も実行
されてしまって進むことも戻ることもできなくなり、操作を受け付けな
くなったり、ゲームが止まってしまったりしてしまうことがあります。

　ボタンの連打系とは、ボタンを押した際にメニューが表示されたりダ
イアログが表示されたりするような場合、それらのUIが重なって表示さ
れてしまうバグです。また、ボタンを押したあとに画面暗転して画面遷
移が発生するような場合、ボタンを押したタイミングから暗転画面でも
ボタン連打を続けていると、暗転画面でもボタンを押した際のSE（サウ
ンドエフェクト）が鳴ってしまうことがあるのです。

　ボタンの同時押しや連打でバグが出やすい理由としては、プログラム
内で排他制御が実装されていなかったり、うまく作動していなかったり

することが考えられます。画面暗転中にコントローラ操作が効いてしま
う場合、画面暗転中にコントローラ操作を効かなくするといった処理が
入っていないことがバグの原因だったりします。

通信切断系

　いまやコンシューマーゲームでも当たり前になったオンラインプレイ
では、通信の切断がバグの起きやすい操作になります。プレイヤー間で
競ったりランキングがあるようなゲームでは、通信の切断技を編み出し
てランキング上位を狙うユーザーもいたりします。

　自分の通信状況を意図的に悪い状態にしてラグを発生させ、相手プレ
イヤーに普段のプレイをさせないといった悪質なものもあり得ます。こ
ういったことをしていると運営に通報され、アカウント停止措置が取ら
れる可能性があるので、製品で遊ぶ際にはやらないほうがよいでしょう。

🐾 フリーデバッグ以外の方法

　ゲームデバッグでは**チェックリスト**というものを使うことがあります。
チェックリストとはあくまで確認するポイントがリストアップされたも
のであり、確認方法が細かく定められているわけではないため、確認方
法や確認する範囲などはデバッガーによって異なります。

　フリーデバッグではどこを確認するのかやどうやって確認するのかは
完全にデバッガー任せなのですが、こうしたチェックリストを活用する
ことによって最低限確認したいポイントを押さえることができます。

　ただし、チェックリストは記述内容の粒度が粗いため、デバッガーに
よって解釈が変わってしまったり、同じチェック項目でも同じ方法での
確認を毎回続けて行うのが難しかったりします。また、記述内容の粒度
が粗いことから、ある程度そのタイトルのデバッグに継続して入り、タ
イトルのことやデバッグのやり方を知っている人でないとスムーズな確
認が難しく、結局はデバッガー個人に依存してしまうことも少なくあり
ません。

「ゴッドハンド」を持つ男

　筆者が昔担当していたコンシューマーゲームでは、平均で1人1日3件程度のバグ報告件数でしたが、その中で1人1日10件以上ものバグを見つけるデバッガーがいました。

　そのデバッガーはとにかくコントローラ操作が速く、常人では起こせないバグを数多く見つけていました。他のデバッガーが再現しようとしても再現できなかったくらいで、開発チームで再現しようとしてもバグが発生せず、開発環境でバグを再現させるために開発担当者から呼ばれることもしばしばありました。

4-2 ゲームデバッグは可視化が難しい

　これまでに説明したように、ゲームデバッグのやり方はデバッガー個人の発想と経験に頼ったものが大多数です。デバッガーの自由な発想によってその場その場のアドリブでバグを探していきますが、どこを確認したのかやどういう確認をしたのかは記録を取っていないことが多く、そうなると、あとでどこをどう確認したか振り返ろうとしても記憶という曖昧なものを頼りにするしかありません。

　小規模なゲームであれば、テストを1人だけで行うということもあるかもしれません。しかし、一般的なゲーム規模であればテストは複数人で行います。ましてやビッグタイトルともなれば数十人規模にもなり、その中で確認内容の記録がないと、数十人のデバッガーが同じ確認をするという非常に効率の悪いことが起こり得ます。これはたとえ数人規模のテストチームであっても同様で、数人であれば口頭での情報共有もしやすいのですが、各自がやっていることすべてを共有しようとしても口頭だけでは忘れてしまい、結果として確認内容の重複が生まれてしまうことになります。

　ゲームデバッグのチェックリストでは手順などが記載されていないことが多く、イレギュラーな操作が中心になってしまい、デバッガーの経験や発想に依存してしまいます。またチェックすべき内容も抽象度の高いものとなり、いま現在の品質がよいのか悪いのか、改善に向かっているのかどうかなど、テスト状況を可視化したり、客観的な評価を行ったりするのも難しくなってしまいます。

第5章で述べるように、テストすべき機能やテストすべき観点、確認手順をまとめたものをテストケースと呼びます。テストケースを活用することで、誰でも同じテストができるようになり、適切な品質の評価を行えるようになるのです。

バグリストから品質状況を可視化する

指標として使える唯一の情報としてはバグ情報が挙げられます。一般的に、バグレポートにはバグのランクやカテゴリを設定しますが、こうしたバグレポートの情報を次ページの表のようにメトリクス化することで現在の品質状況を測ることが可能です。

フリーデバッグあるある

ゲームデバッグにおいても、チェックリストを活用し、確認するポイントをリスト化して、確認したかどうかの記録をつけていくことがあります。しかし、このチェックリストを全項目確認し終えてもデバッグ完了とはならず、そのあとはフリーデバッグが行われます。フリーデバッグには「どのくらいやればいいのか」といった基準がありません。明確な指標がなく、バグが出なくなるまでやるという風潮もありますが、デバッガー側はその立場からバグ報告ゼロを避けるために無理やりバグを探す傾向にあります。

No.	記入者	報告日	概要	詳細	起票ステータス	ランク
1	○○	20XX/0X/XX	【チュートリアル】スキップボタンが押下できない	【詳細】 チュートリアルのADV会話パート1にて、スキップボタンが押下できないことを確認いたしました。 【備考】 以下のボタンでは押下できることを確認しております。 ・オート ・早送り ・LOG 【期待結果】 スキップボタンが押下できること 【再現率】 3/3 【確認手順】 ※前提条件：チュートリアル完了前の状態 1.チュートリアルをオープニングムービー終了まで進める 2.画面右上に表示されているメニューボタンを押下 3.スキップボタンを押下し、押下できないことを確認する 【発生日時】 20XX/×○/△△	BTS起票待ち	B
2	○▲	20XX/0X/XX	【チュートリアル】セリフが仕様書と実機で相違している	【詳細】 チュートリアルのADV会話パート2にて、キャラクターのセリフが仕様書と実機で相違していることを確認いたしました。 ▼相違点：チュートリアルADVパート2 仕様書 ネコ「ここまでくれば大丈夫ですにゃ！」 実機： ネコ「ここまでくれば大丈夫にゃ！」 【期待結果】 キャラクターのセリフが仕様書と実機で相違しないこと 【再現率】 1/1 【確認手順】 ※前提条件：チュートリアルガチャ終了後の状態 1.チュートリアル「ガチャ」終了まで進めた状態で、チュートリアル「インゲーム」に進む 2.インゲームに入りADV会話パート2開始後、直前のキャラクターのセリフを確認する 【発生日時】 20XX/×○/△□	添削OK	B

未修正バグ×バグランク

　この情報からは、今現在修正されていないバグをランク別に見ることができます。ランクの高いバグが多く残っている場合、まだまだゲームの動作が不安定で品質が悪い状況だといえます。特に、デバッグを行うに際して影響が出てしまうバグは早急に修正してもらうよう、開発側と相談する必要があります。

バグ報告日×バグランク

　この情報を整理することで、日ごとに発生したランク別バグ数の推移を見ることができます。報告されたバグ総数が増えているのか減っているのか、また、ランク別のバグを見たときに高ランクのバグが増えているのか減っているのかなどを知ることができます。仮に日ごとのバグ総数が減らず、高ランクのバグ数も減っていないのであれば品質が悪いといえます。

バグ報告日×バグ修正日

　1日で新規に発見したバグ数と、1日で修正されたバグ数を見ることで、バグ修正が追い付いているかを知ることができます。デバッグ中盤までは非常に多くのバグが発生するため、開発側のバグ修正数よりも新規に発見されるバグ数のほうが多くなる傾向にあります。そのままでは未修正のバグがいつまで経っても減らないためどこかで逆転しなければなりませんが、集中的にバグ修正を行う期間を設けて対応することが多いです。

バグのストック

　デバッグ終盤になると、ユーザーに影響のあるバグは少なくなり、バグ自体も出なくなっていきます。ゲームの品質状況としてはよい状態ではあるのですが、デバッガーとしては0件報告を避けて、1件でもいいので何かしらの報告をしたいという心理が働きます。

　そのため、デバッグ終盤でバグ報告数が少なくなると、見つけたバグをストックしておいて何日かに分けて小出しに報告していくことが起こります。かくいう筆者も、昔はこれをやっていました。その際ストックするバグは「明らかなバグ」ではなく、質問や仕様確認に近いレベルの、いつでも報告できるものにしていました。

　こういうときに「いい仕事」をしてしまうのがゴッドハンドです。彼らはこういった時期でも進行停止系のバグを出してしまうのです。

4-3 3つの フリーテスト手法

　ソフトウェアをテストするための考え方や手法はソフトウェアテストと呼ばれていますが、その中にもテストケースやチェックリストなどを使わないテスト手法が存在しています。これらはフリーテストと総称されることがありますが、フリーデバッグとは似て非なるものもあります。

🐾 モンキーテスト

　「行動が読めない猿にソフトウェアを使わせても異常が起きないか確認をする」ことが、このテスト手法の名前の由来になっています。いわば「ソフトウェアの使い方を考慮しないランダムな操作を行ったときにどういう挙動となるのか」を確認する手法であり、例えば「コンシューマーゲームでコントローラのボタンをガチャ押しした際に異常が起きないか」などが挙げられます。

　このテスト手法ではテストの内容に特定の意図を持っていないため、バグ探索という観点で見た場合は効率の悪い手法だといえます。しかし、ボタン操作がランダムに行われるため、ボタンの連打や同時押しのタイミングなどによって発生するバグの検出につながることがあります。

🐾 アドホックテスト

　モンキーテストをこのアドホックテストと同じものと捉える人がいますが、実は異なるテスト手法です。モンキーテストはランダムな操作でのテストですが、アドホックテストはその場その場で何をするか考えてアドリブ的にテストを行っていく手法です。

その場の思い付きやアドリブでのテストは、ゲームデバッグの中のフリーデバッグと同じだといえます。ゲーム業界ではフリーデバッグという独自の呼び名が付いており、ゲームデバッグにかかわっている人の中にはソフトウェアテストを知らない人も多いのですが、実はソフトウェアテスト手法の1つとして確立されているものなのです。

🐾 探索的テスト

モンキーテストもアドホックテストも、テストの目的はバグ探しではありますが、モンキーテストは偶然に頼り、アドホックテストはひらめきに頼る手法です。それらに対して、探索的テストは「探索」という言葉どおり、バグを探し調べる活動を行うテスト手法であり、偶然にもひらめきにも頼らずバグを狙って探し当てる手法だといえます。

探索的テストでは、実際にゲームなどのソフトウェアを動かす前にまず、「どういった確認を行うか」を考えます。そのあとに事前に考えた確認内容に沿って実際にゲームなどのソフトウェアを動かし、「どういう挙動を取るか」を確認していきます。そして確認の最後に一連の活動を振り返り、テスト結果から次のテストにつながる情報を確認していきます。この一連のサイクルが探索的テストの重要なポイントです。

🐾 バグの遍在

探索的テストでは事前に「確認する内容」を考えますが、これにはテスト活動を通して得られるさまざまな情報を活用していきます。主にテストケースやチェックリストなどのテスト実施結果やバグ情報を収集・分析し、「どの機能でテスト結果がNGとなっているか」「どこでどういうバグが発生しているのか」「どういったテスト観点でバグが発生しているのか」などの情報を集めます。

後ほど述べるように、ソフトウェアテストの原則の1つに、「バグの偏

在」というものがあります。簡単にいうと「バグは一定の部分に偏る」という考え方であり、「テストの実施結果としてNGが出ている機能にはまだバグが潜んでいる可能性がある」「バグが多く発生している観点のテストではまだバグが見つかる可能性がある」などの形で探索的テストに活用することができます。

　ただし、モンキーテスト、アドホックテスト、探索的テストなどのフリーテストは、これらだけで品質を担保するのには向かないテスト手法です。そのため、テストケースを活用したテストを補完する形で実施するのが望ましいといえます。

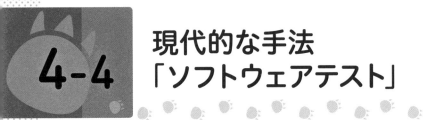

4-4 現代的な手法「ソフトウェアテスト」

　ゲーム業界の関係者であれば、「ゲームデバッグ」「デバッグ」という言葉を実際に使ったり聞いたりしたことがあることでしょう。しかし、「ソフトウェアテスト」という言葉にはなじみが薄い方も多いはずです。

　ソフトウェアテストは、その名前のとおりソフトウェアをテストするための考え方であり、現代のゲームテストにも欠かせないものとなっています。

🐾 ソフトウェアとは何か？

　ソフトウェアテストについて述べる前に、ソフトウェアとは何かについて述べておきましょう。ソフトウェアとは、「コンピューターやスマホ、その他電子機器に搭載されたプログラム」のことを指します。

　ソフトウェアには、以下のようにさまざまなものがあります。

- OS
- ブラウザ
- スマホアプリ / ゲーム
- 鉄道などの券売機システム
- 銀行ATMシステム

　コンシューマーゲームやスマホゲームも、当然ソフトウェアの1つですが、ソフトウェアテストの考え方はこれらすべてに対して共通して活用できるものなのです。

ソフトウェアテストの歴史

　ソフトウェアテストが日本で広まってきたのは2000年以降です。特に、ソフトウェアテストに関する国際的な資格であるISTQB（International Software Testing Qualifications Board）の加盟組織として認定されたJSTQB（Japan Software Testing Qualifications Board）が、2006年から日本でソフトウェアテストの資格試験を開催するようになったことも、日本で広まる大きな要因だったのではないかと思います。

　コミュニティ活動やイベント活動も活発になり、JaSST（Japan Symposium on Software Testing）というソフトウェアテストシンポジウムが開催されたのもこの頃（第1回は2003年）です。コミュニティ活動が活発になり、ソフトウェアテストが浸透していきました。

ゲーム業界とソフトウェアテスト

　一方、ゲーム業界では昔ながらのゲームデバッグという文化が強く根付いており、ソフトウェアテストの考え方はなかなか浸透しませんでした。

　ゲームはプロトタイプ、α版、β版と開発を進めていく中で、まず間違いなく仕様変更が入ります。机上で考えていたものを現実化した際に、思っていたより面白くないと感じることが往々にしてあるからです。

　これはゲームというソフトウェア特有の性質です。ゲームはユーザーの感性に訴えかけるソフトウェアであるため、机上のものだけでは面白さを測れず、実際にプレイできるようになって初めて「面白い／面白くない」を感じられるのです。そうして仮にα版で面白くないと判断されれば、企画や要件の変更が必要となります。すると、プロジェクト全体の予算や工期にも影響が出てくる可能性があるのです。

　テスト工程は、ゲームなどのソフトウェア開発の工程の中では最後に位置するため、こういったしわ寄せの影響をもろに受けます。度重なる仕様変更の中で仕様書などの資料が更新されていなかったり、テスト中

であっても仕様変更が入る可能性が高かったり、しわ寄せの影響でテスト期間が予定よりも短くなってしまったりすることもあります。そういったことが多かったため、ゲーム業界ではバグ出しに特化したゲームデバッグ文化が根付いていくことになったのです。

　しかし、スマホゲームの登場以降、ゲーム業界でもソフトウェアテストが注目され始めました。

　コンシューマーゲーム開発は大ボリュームで自由度が高く、ゲームが発売されればそこからイベントが開催されたり機能が追加されたりするようなことはあまり多くありませんでした。そのため、マンパワーや物量による人海戦術でも何とかなっていました。しかし、現在はスマホゲームが主流になっています。スマホゲームはコンシューマーゲームとは違い、ゲームがリリースされたあとも開発や運営が継続していきます。

　また、基本無料で遊べることも、スマホゲームの大きな特徴です。コンシューマーゲームはゲーム１本に値段が付いており、お金を払ってそのゲームを購入するまでそのゲームを遊ぶことができず、そのゲームが何本売れたのかがそのまま収益になります。しかし、スマホゲームは、基本無料で遊ぶことができ、ゲーム内で課金してもらうことで収益を作っていきます。さらにスマホゲームは、リリース後も継続的にイベントを開催したり、機能の改善や追加実装などを行ったりしてユーザー数や継続プレイ率を維持・向上する必要もあります。

もしもスマホゲーム開発でゲームデバッグをやっていたら

　もし、スマホゲーム開発でコンシューマーゲームと同じように人海戦術によるバグ出し（ゲームデバッグ）をやっていたら、以下のような問題が生じます。

- リリースしたあとの運営フェーズでのテストで、リリース時のテストウェア（テストの成果物）の再利用ができない
- 属人的な活動になり、テスト要員の交代（引き継ぎ）に時間がかかっ

てしまう

- テスト状況が可視化されておらず、品質状況もわからない
- ゲームのバージョンアップやイベントは毎月のように行われるが、行き当たりばったりな活動ではバグの市場流出が止まらない

　スマホゲームでは一定の間隔でバージョンアップをしていく必要があるため、より効率的・効果的なテストが求められるのですが、その実現にはソフトウェアテストが適しているのです。

バグ出し力は低くなった？

　筆者がデバッガーとして現場で活動していたのはもう 20 年近く前になりますが、その頃と今とを比べるとテスターのバグ出し力が下がっているように感じています。

　ソフトウェアテストの考え方から、テスト設計を経てテストケースを作成することが増えており、テスターはテストケースの消化が中心になっています。またスマホゲームは運営に入ると主にイベントに対してのテストとなり、機能的なテストが少なくなっていることなどがその要因なのではないかと考えています。

　筆者の世代（アラフォー）の人たちは、何とかしてバグを出してやろうという熱意や、どうやったらこのゲームを壊せるのかといった意地みたいなものがありましたが、今のテスターはバグ出しに対しての意欲や熱意が筆者の時代よりも低くなってしまっているのかもしれません。

4-5 ソフトウェアテストの 7原則

　それでは、ソフトウェアテストについてもう少し掘り下げて見ていくことにしましょう。

　ソフトウェアテストには、「テストの7原則」という、共通するテストの考え方があります。言葉自体は知らなくても、これらの中には少なからずテストに携わったことのある方にとってピンとくるものがあるかもしれません。

原則①：テストは欠陥（バグ）があることは示せるが、欠陥がないことは示せない

　テストをして欠陥を発見した場合、その欠陥を見せることで欠陥があることを示すことができます。しかし、テストをしても欠陥が発見できなかった場合、本当に欠陥がなかったのかもしれませんし、本当は欠陥が潜んでいてその欠陥が表出する条件やタイミングによってテストができていなかった可能性もあります。

　つまり、「欠陥がないこと」は証明することができず、「欠陥があること」しか示すことができないのです。

原則②：全数テストは不可能

　「全数」とは、その言葉どおり「全部」という意味です。

　例として、ゲーム内でアバターを作成できる機能を考えます。アバター作成では、頭部のパーツだけでも髪型、髪色、目の形、目の色などと複数のパーツがありますが、この4つのパーツがそれぞれ10種類ずつあっ

たとすると、10×10×10×10=10000通りの組み合わせが考えられます。

　実際には頭部のパーツはもっと数があるでしょうし、胴部、腕部、脚部などにも複数のパーツがあることでしょう。これらも含めると、組み合わせは数万、数十万にもなる可能性があります。

　条件、組み合わせ、パターンなどのすべてを網羅したテストを行うには膨大な作業工数と期間が必要になります。ごく単純なソフトウェア以外では全網羅したテスト（全数テスト）は現実的には難しいため、リスクの分析やテストの優先度などを検討する活動が必要になってきます。

原則③：早期テストで時間とコストを節約

　テスト工程に入ってからテスト活動をするのではなく、開発プロセス全体のなるべく早い段階からテスト活動を行うことで、バグ修正にかかる時間やコストの低減につながるという考え方です。

1：10：100の法則

　よく知られる言葉に「1：10：100の法則」というものがあります。これは要件定義や設計段階で発覚した問題の解決にかかるコストを1とした場合、開発段階の単体テストでは10倍に、リリース後では100倍ものコストがかかってしまうという意味です。

　この考え方はコスト面だけではなく、品質面においても効果があります。早期からテスト活動を始めることで、要件の考慮漏れの指摘につながったり、テスト設計までに仕様を深く理解できたりと、品質に対してもプラスに働きます。

原則④：欠陥（バグ）の偏在

　これは、特定の機能にバグが集中するという考え方です。

　コードボリュームが多い、複雑な処理を実装している、他の機能との

結合が多いなどの理由から、特定の機能にバグが偏る傾向があるのです。

原則⑤：殺虫剤のパラドックスにご用心

　ある部分に対してあるテストをした際に、最初はバグが発見できたとしても、そのバグが修正されたあとも同じテストを続けていては新しいバグを見つけることはできません。新しい発見を得るためには、操作のタイミングをずらしたりゲーム内の状態を変えたりして、常に新しいテストをしていかなければ新しいバグは見つけられません。

原則⑥：テストは状況次第

　テスト対象やテスト実施時の状況によって、テストの目的やテスト方法が変わってきます。

　例えば、ECサイトではユーザーの個人情報を大量に取り扱うので、個人情報を流出させないためにセキュリティに関するテストが重要になってきます。ゲームでもセキュリティは重要ではありますが、それ以上にユーザビリティテストやユーザーテストなど「ユーザーが遊びやすいか」「面白いか」などを重視している傾向があります。

原則⑦：「バグゼロ」の落とし穴

　徹底的に機能のテストをしてバグを取り除いてバグが出なくなったとしても、ゲーム内での画面遷移に毎回数分かかったり、UI上のアイコンが小さくて見づらくタップしづらかったりといったゲームができあがることがあります。しかし、これらはユーザーの不満につながる要素であり、バグではないとはいえ、こういった要素が残されている状態は品質がよいとはいえません。

　「バグゼロ」は必ずしも「高品質」ではありません。バグ以外の部分にも気をつけましょう。

4-6 ソフトウェアテストの技法

ソフトウェアテストには「テスト技法」と呼ばれるものがあります。ゲームデバッガーでテスト技法を知っている人はあまりいないかもしれませんが、テスト技法と知らずに無意識のうちに活用しているものもあるはずです。

ここでは、テスト技法の中でも比較的よく使われるものを紹介します。

同値分割法

出力（結果）が同じになるような入力値をグルーピングし、その中から代表値を用いてテストを行う方法です。

例えば、ゲームでプレイヤー名を入力する際に最低文字数と上限文字数の制限があると仮定しましょう。仮に文字数制限を4文字以上8文字以下とすると、以下のようなグループを作ることができます。

①3文字以下
②4文字以上8文字以下
③9文字以上

①は文字数不足によるエラー、②はプレイヤー名が設定可能、③は文字数超過によるエラーという結果になります。

ここで②の場合のテストを考えると、「4文字を入力しても5文字を入力してもプレイヤー名は設定可能」となるため、「4文字〜8文字」を1つのグループとして考えることができます。つまり、そのグループの中からいずれか1つの数値を使ってテストをすればよいわけです。

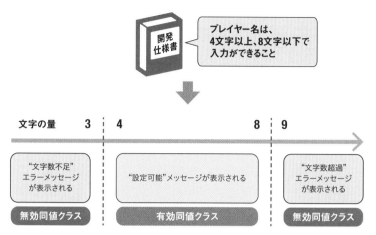

文字の量　　　3　4　　　　　　　8　9

"文字数不足"エラーメッセージが表示される　　無効同値クラス

"設定可能"メッセージが表示される　　有効同値クラス

"文字数超過"エラーメッセージが表示される　　無効同値クラス

※同値クラス：同じ動作をする条件の集まり

境界値分析法

　出力（結果）が同じになるような入力値をグルーピングし、グループが隣接する境界やその前後の値を入力値としてテストを行う方法です。

　開発者間の認識の齟齬などに起因して、動きの変わる境目はバグが起きやすいものです。この境界値分析法は、特に技法を知っていなくても意識的にデバッグしているケースが多いのではないでしょうか。

　先ほどの同値分割の例を使って考えてみましょう。

　①3文字以下：文字数不足によるエラー
　②4文字以上8文字以下：設定可能
　③9文字以上：文字数超過によるエラー

　この場合、動きの変わる境目は3文字、4文字、8文字、9文字なので、この文字数に基づいて以下のようなテストを行います。

- 3文字：文字数不足によるエラーの確認
- 4文字：設定可能であることの確認
- 8文字：設定可能であることの確認
- 9文字：文字数超過によるエラーの確認

　皆さんも気づいたかもしれませんが、この境界値分析法で活用する数値は、同値分割法の考え方も兼ねています。そのため、同値分割法と境界値分析法はセットで考えることも多いです。

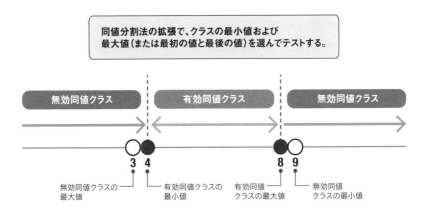

同値分割法の拡張で、クラスの最小値および
最大値（または最初の値と最後の値）を選んでテストする。

| 無効同値クラス | 有効同値クラス | 無効同値クラス |

3　4　　　　8　9

無効同値クラスの最大値　　有効同値クラスの最小値　　有効同値クラスの最大値　　無効同値クラスの最小値

🐾 デシジョンテーブルテスト

　デシジョンテーブルテストは、入力条件の組み合わせとその結果を整理してテストを行う方法です。

　デシジョンテーブルは大きく2段に分かれており、上段に条件の種類と組み合わせを、下段に結果の有無（や種類）を指定します。

			1	2	3	4
条件		条件A	Y	Y	Y	N
		条件B	Y	N	N	Y
		条件C	Y	Y	N	Y
結果		結果A	Y	-	-	-
		結果B	-	Y	-	-
		結果C	-	-	Y	Y

・条件
　Y：条件に該当する
　N：条件に該当しない
・結果
　Y：結果あり
　-：結果なし

　デシジョンテーブルは初めての人には少しなじみづらいテスト技法なので、具体的な例を使って説明していきましょう。

　例として、ゲームの中でアイテムを購入する際に以下の割引の種類があり、複数の条件を満たした場合は割引率が一番高い値になる仕様だとします。

　① 時間限定タイムセール：5%引き
　② 特定イベントクリア：10%引き
　③ プレイヤーランクが一定以上：15%引き

　ここでまず、「条件」と「結果」の整理を行います。
　「条件」には①〜③の割引の種類がそのまま入り、「結果」には①〜③の割引率が入ります。ただ、1つ注意点として、すべての条件を満たさないケースが考えられるため、そのときの結果、つまり「割引なし」も存在します。

条件	時間限定タイムセール
	特定イベントクリア
	プレイヤーランクが一定以上
結果	割引なし
	5%割引
	10%割引
	15%割引

　次に、条件の組み合わせを作り、その組み合わせごとの割引率を整理していくと、次の表のような形になります。

		1	2	3	4	5	6	7	8
条件	タイムセール	Y	Y	Y	Y	N	N	N	N
	特定イベントクリア	Y	Y	N	N	Y	Y	N	N
	ランク一定以上	Y	N	Y	N	Y	N	Y	N
結果	割引なし	-	-	-	-	-	-	-	Y
	5％割引	-	-	-	Y	-	-	-	-
	10％割引	-	Y	-	-	-	Y	-	-
	15％割引	Y	-	Y	-	Y	-	Y	-

　この表にあるように、割引条件の組み合わせは8通りとなり、この組み合わせがテストケースになります。

　こういった確認をする際に、頭の中だけで組み合わせを考えてしまいがちではあるのですが、頭の中だけで情報を整理しようとしても処理しきれず、条件、結果、組み合わせなどの抜け漏れが発生しやすくなってしまいます。デシジョンテーブルを作成するのは手間と考えてしまうかもしれませんが、抜け漏れの防止になり、思考整理を他者に可視化して認識の齟齬防止にもつながるため、必要に応じてデシジョンテーブルを作成するのは重要なのです。

🔵 状態遷移テスト

　状態遷移テストは、ある状態から別の状態に切り替わるトリガーや状

態間の遷移を整理してテストを行う方法です。状態遷移テストでは状態遷移図と状態遷移表の2つを活用してテストを作っていきます。

- 状態遷移図：状態に着目して、状態間の遷移とそのトリガーを整理したもの
- 状態遷移表：状態とトリガーの組み合わせを整理したもの

　状態遷移図では、状態に変化が起こる要素の可視化ができます。俯瞰した視点で情報が整理できますが、状態ごとのトリガーの動きがわかりづらいのがデメリットです。
　一方の状態遷移表では、起こり得ない状態遷移も含めた全状態遷移を可視化することが可能です。状態ごとのトリガーの動きを網羅できますが、俯瞰した視点を持てないのがデメリットです。

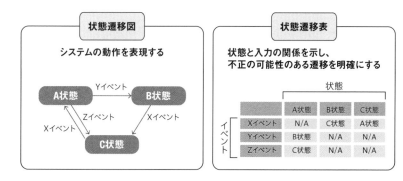

　ゲームでは、エネミー（敵）の状態異常攻撃によって「毒」や「麻痺」などプレイヤーが状態異常になることがあります。今回はその状態異常を例に説明していきましょう。
　例として、エネミーの状態異常攻撃には、以下の種類があるとします。

- 毒攻撃
- 睡眠攻撃

● 石化攻撃

　また、プレイヤーが状態異常となった際に状態異常を回復する手段には以下の種類があるとします。また、このうち回復魔法ではすべての状態異常を回復することができますが、回復アイテムでは石化状態のみ回復できないとします。そして、睡眠状態のみ敵から攻撃を受けたら睡眠状態から回復するとします。

● 回復魔法
● 回復アイテム
● 敵からの攻撃

　これらの情報をもとに状態異常の状態遷移テストを行っていきますが、まず次表のような状態遷移表を作成しておくことで、状態異常の種類と状態異常のトリガーを洗い出せます。

	毒攻撃	睡眠攻撃	石化攻撃	回復魔法	回復アイテム	敵からの攻撃
通常状態	毒状態	睡眠状態	石化状態	-	-	-
毒状態	-	睡眠状態	石化状態	通常状態	通常状態	-
睡眠状態	毒状態	-	石化状態	通常状態	通常状態	通常状態
石化状態	-	-	-	通常状態	-	-

　この状態遷移表から状態遷移図を作成すると、次の図のようになります。

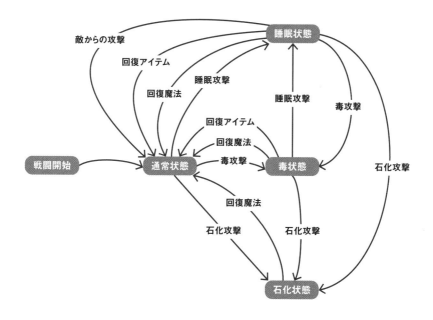

　状態遷移図と状態遷移表は、どちらかだけを作成すればよいというも
のではなく、互いに異なる特徴を持ちます。そのため、両方を作成して
おき、それぞれの特徴を補完しつつテストを考えていくことが必要です。

第 5 章

多種多様な
ゲームテスト

ゲームのテストでは実にさまざまな種類のテストが行われています。本章では、そんなゲームテストの現場で実際にどういうテストが行われているかを紹介していきます。

実況が原因でゲームが止まる

　筆者は某有名サッカーゲームを担当することが多かったのですが、サッカーの試合中に突如としてゲームが止まってしまう現象がよく起きていました。開発担当者から聞いた話では、実況のサウンドデータの読み込みで止まってしまうということでしたが、実況データ自体や実況のつながりに問題があって止まってしまうようでした。

　実況のサウンドデータは膨大な数があり、その実況データのつながりを網羅的に確認するのは現実的ではなく、ひたすら試合をして確認するような形を取っていました。こうしたバグは大抵再現が取れず、録画映像を見てバグレポートを作成するのですが、修正確認の際にも狙ってその状況を作り出すのが難しいため、試合数やバグ発生時のシチュエーションを何回確認できたかによって修正されたかどうかを判断していました。

5-1 機能テスト

　機能テストとは、ソフトウェアが仕様どおり適切な振る舞いをしているかを確認するものです。仕様どおりの振る舞いをしているかを確認するため、どう動くべきか、「正解」となる挙動が示されていなければなりません。

　仕様情報は基本的にはゲーム開発関係者しか知り得ない情報です。一般的にゲームの仕様情報がユーザーに開示されることはありませんが、ゲームが仕様どおりの振る舞いを取らないとゲームシステムやゲームバランスなどに影響を及ぼす可能性があるため、仕様どおりの挙動であるかを確認する機能テストは重要なものだといえます。

　機能テストは、テストケースやチェックリストを活用したり、アドホックテスト（いわゆるフリーデバッグ）として行われたりします。

　テストケースとチェックリストが同じものと混同されることがありますが、この2つは異なるものです。2つの大きな違いは確認内容の粒度感（内容の細かさ）にあります。チェックリストの内容は粒度が粗く、機能の全網羅やパターンの全網羅といったことはせず、その機能で実現したいことを捉えてそのポイントだけを確認します。チェックリストには詳細な確認手順は記載しないため、確認する人によって確認方法や確認内容などが少しずつ異なる可能性があり、これはメリットにもデメリットにもなります。

テストケース

　チェックリストよりも粒度を細かく列挙したものが**テストケース**です。確認すべき機能を洗い出して、どこでどういう確認が必要かを詳細に検討していきます。そしてテストケースでは確認手順も作成するため、誰でも何回でも同じ内容でテストが行えるようになりますが、基本的にテストケースに書かれていること以外は確認されないため注意が必要です。

機能テストの例

　一般的には、正解となる挙動が定められているものは機能テストの範疇になります。ゲームでの機能テストの一例としては以下のようなものがあります。

スキルの発動や効果のテスト

　スキルなどの特殊効果が指定された条件どおりに発動するか、指定された効果が得られるかなどを確認します。発動や効果の重複もあるため、複数掛け合わせた際の確認も必要になります。

アイテム効果のテスト

　アイテムにより指定された効果が出るかを確認します。フィールド移動時専用のアイテムや戦闘時専用のアイテムなど、使用条件が指定されているアイテムもあるため、それらの条件も含めて確認をしていきます。

イベント条件のテスト

　メインクエストやサブクエストなどのイベントでは、イベントの発生に一定の条件が必要になるものがあります。各イベントで指定の条件を満たしたときにイベントが発生するか、発生条件を満たしていないときにイベントが発生しないかなどの確認を行います。

特にメインクエスト以外のイベントでは、発生させるタイミングによってはストーリーの整合性が崩れてしまう可能性があるため、そうした場合、イベントの発生条件とあわせて**ストーリーの整合性**の確認も行うことが必要です。

オプション設定の反映テスト

オプション設定の中でサウンド設定やメッセージ速度などを変えることができますが、それらの設定が設定したとおりに反映されているかを確認します。設定変更が即時に反映されるかはもちろんですが、一度ゲームを終了させて再開したときに設定が保持されているかの確認も行います。

セーブ／ロードのテスト

セーブデータのロード時に、セーブ時の状態が反映されているかを確認します。テスト開始の初期段階ではデータの保存がうまく機能せず、イベントのクリア状況が保存されていない、オプションの設定状況が保存されていないといった現象が起こる可能性があります。

◉ 機能テストの重要性

機能テストをしっかり行わないと、例えばスキルの発動条件を満たしてもそのスキルが発動しなかったり、発動してもスキル説明と実際の効果が違ったり、ということが起きてしまいます。そういったバグにユーザーが実際に遭遇してしまうと、特に対人コンテンツのあるゲームではランキングや獲得報酬に影響が出てしまう可能性があり、ユーザーの不満にもつながりかねません。

ユーザーからすると「バグはなくて当たり前」です。自分に影響のないバグであれば大きな不満感は出ないかもしれないですが、自分に影響のあるバグであれば不満感も高まり、最悪のケースではゲーム自体をやめてしまうかもしれません。

スマホゲームではユーザーの獲得と継続が非常に重要となるため、ユーザーの離脱は避けねばなりません。バグが原因でユーザーが離脱してしまう可能性もあるため、正しく動いているかの確認は極めて大切です。

機能テストと「面白さ」のテストとの違い

　ゲームテストの内容には、「ゲームが面白いかどうか」「どうしたらゲームが面白くなるのか」を確かめるというイメージが強いかもしれません。しかし、こうしたゲームの面白さに関するものはテスト全体で見たらごく一部であり、実はここまで述べたような機能テストがテストの大部分を占めているのです。

　ゲームの面白さは、企画段階からプロトタイプ版、α版、β版などを通して作り込まれてきます。このうちテストチームがかかわるタイミングは早くてβ版ですが、このタイミングではゲーム設計はほぼ終わっており、大きな変更が入ることも少なくなります。

　パブリッシャーの中にはβ版開発の初期段階からユーザーテストを行い、ユーザーの目に触れるよりも前に面白さの評価を行っているところもあります。そうしたユーザーテストは一度だけではなく、評価するポイントを変えながら複数回実施されることもあります。

　また、スマホゲームではCBTという形でユーザーを集めてβ版のゲームを先行プレイしてもらうことがありますが、その際、ゲームに対する感想や意見などを回答してもらいます。開発チームやテストチームからの意見だけでは偏った情報になる可能性があるため、そうしてCBTでユーザーからのよりダイレクトな情報を集めていくことになります。

非機能テストは、ソフトウェアがどのようにうまく振る舞っているかを確認するテストといえます。機能テストは正解となる振る舞いが定められていましたが、非機能テストでは正解となる振る舞いが定められないものを扱います。

非機能テストの例

非機能テストの一例としては以下のようなものがあります。

ユーザビリティテスト

ユーザーの「使用感」を確認するテストです。使用感とは、ユーザーがゲームを操作して目的を達するまでの間に、迷ったり、間違えたり、ストレスを感じたりすることなく使用できているかを指し、ユーザビリティテストではこれらを確認します。

例えば、ゲームの中にはさまざまなアイコンやボタンが使われていますが、そのアイコン・ボタンが押しづらくないか、などもユーザビリティテストで確認する内容の1つといえます。

他にも、アイコンやボタンの視認性もユーザビリティテストで確認されるものです。特にアイコンは、そのデザインだけで何を指すのかを表現する必要があるため、見やすさ・伝わりやすさが大事になってきます。

「ボタンは押しづらくないか」「アイコンはわかりにくくないか」などの判断は非常に主観的です。どう感じるかは年齢や性別でも変わりますし、スマホゲームであれば使っているスマホの画面サイズでも変わって

きます。

　このように、正解といえるものを一意に定めることが難しいのが非機能テストの特徴です。多くの場合、ユーザビリティは、ゲームのターゲットとなるユーザー層を定め、そのユーザー層に合うように作り込んでいくことになります。

セキュリティテスト

　ゲームに脆弱性がないか、チートがされてしまわないかなどを確認するテストが**セキュリティテスト**です。不正な手段でレアアイテムやゲーム内通貨を入手されるとゲームバランスの崩壊やゲーム内経済の崩壊につながってしまう可能性があるためです。

　その影響によっては一般ユーザーが離脱してしまう可能性も出てくるため、セキュリティテストは、スマホゲームを運営していく中でも重要な取り組みの1つです。

　セキュリティテストでは、ゲームアプリのバイナリ解析や通信データの解析・リクエスト改ざんなどができないかを確認していきます。

　ゲームの内部構造や実装方法を解析することで、どこでどういう情報のやり取りがされているのかなど、チートするにあたっての障害となる部分を調べていきます。チート阻害要因を回避して、ゲーム内部でやり取りされる情報を改ざんした情報に書き換えることでチートが実現できてしまわないかを確認していきます。

　昨今、eスポーツが盛んになってきていますが、チートが使われるケースも少なくありません。中には、大会中にチート行為を活用して失格になってしまったケースもあります。また、ブロックチェーンやNFTなどの技術を活用したゲームも登場してきており、ゲームのセキュリティに関する重要度はますます高まっています。

性能テスト

　性能テストとは、要件を満たす性能が出るかどうかを確かめるもので、その確認方法も「実際に動かして、どういった性能となっているのかを

確認する」という形になります。テスト用のバイナリではデバッグ機能の影響によって動作が重くなっていたり、サーバーも開発環境と本番環境では性能に差があったりするため、性能テストは極力本番に近い環境で行います。

　スマホゲームの性能測定では、以下のような要素を計測するケースが多いです。

- 起動時間
- 画面の遷移時間
- FPS（Frame Per Second：1秒あたりのフレーム数）
- 端末温度
- 端末のバッテリー消費

　開発段階から目標値を決めて性能計測していくケースもあれば、開発段階では目標値を決めずに開発を進めて、今現在どういう性能になっているかを計測するようなケースもあります。

　スマホゲームは、ユーザーごとに利用端末が異なるため、性能を計測する際も低スペックから高スペックまで複数の端末で実施されることが多いです。またその際使うのが数端末というケースもあれば、数十端末となるケースもありますが、どちらのケースにしても性能テストだけを行うのではなく、OSの種類やバージョンの違いによる問題、そして機種固有の問題が起きないかなどの確認も含めて実施されます。

サーバーの性能テスト

　サーバーの性能や負荷に関するテストは開発チームの中で実施されることが多く、テストチームがかかわれることは少ないというのが現実です。

　これらのテストではサーバーの動作情報を確認する必要があるのですが、サーバーの動作情報が見られるのはサーバーエンジニアなど開発担当者に限られ、彼らが、サーバーの動作情報を見ながら疑似的に負荷をかけたりしてテストを行うほうが効率的であるためです。

　その一方で、100人規模で一斉にログインしたり、ゲームをプレイしたりとリアルな負荷をかけることもありますが、その際はプログラマーチーム、デザイナーチーム、テストチームなどプロジェクト全体で行うこともあります。

5-3 リグレッションテスト

リグレッションテストとは、プログラムに変更が入った際に、その変更によって想定外の影響が出ていないかを確認するものです。主に、部分的な機能改修やバグ修正が入った際に実施されます。

ゲームは非常に複雑なプログラムで組まれているため、部分的なプログラム変更だったとしても、その変更が他の動作に影響を与えてしまうことがあります。

テスト活動では、ある機能に対し、一度テストを実施して「問題なし」と判定した部分については、基本的には同じテストは行いません。そのため、テストを実施したあとに何かしらのプログラム変更が入り、その影響で動作に異常が出ている場合、それに気づけないことがあります。

「すべてのテストをやり直せばよいではないか」という考え方もあるでしょう。しかしそもそも大抵のゲームではテスト全量をこなすのに数カ月程度かかるため、テスト全体をもう一度実施すると単純にそうしたテストの期間やコストが2倍になってしまいます。ビッグタイトルでもここまですることはほぼなく、一般的には、確認する粒度や範囲を絞り込んで再確認するリグレッションテストを実施します。

🐾 リグレッションテストの方針

リグレッションテストの方針は大きく2通りあります。1つはゲーム全体の動作を再確認する方法で、もう1つはプログラム変更の影響範囲を分析し、絞り込んで行う方法です。

前者の、「ゲーム全体を確認する」リグレッションテストでは、ゲーム

の主要な機能が動いているかといった形で確認をしていきます。例えば、チュートリアルがクリアできるか、クエストがクリアできるか、ガチャを回せるか、などです。後者の「影響範囲を絞り込んで行う」リグレッションテストは、バグの修正確認の際などに行います。修正確認では、そのバグが直っているかだけではなく、バグが出ていた部分の周辺動作に影響が出ていないかもあわせて確認します。

　ゲーム開発およびテストも終盤になってくると、修正するバグを**トリアージ**（選別）していきます。これはプログラムへの変更を限定的として、予期せぬ動作異常が起きるのを防止するためでもあります。開発では予期せぬ部分に影響が出ないようにし、テストでは予期せぬ部分に影響が出ていないかを確認することで、品質の安定化につなげています。

5-4 当たり判定チェック

　第4章でも少し触れた当たり判定のチェックは**コリジョンチェック**とも呼ばれ、ゲーム内のオブジェクト同士を衝突（接触）させた際に、オブジェクトに判定があるかや挙動に異常がないかを確認するテストです。

当たり判定チェックの対象

　当たり判定の確認は、主に以下のようなものに対して行います。

プレイヤーやNPC

　ユーザーが操作するプレイヤーや、マップ上に配置されているNPCといったキャラクター自体に当たり判定があるかを確認します。当たり判定があるかどうかだけではなく、キャラクターの大きさや見た目などに合った形で当たり判定が設定されているかの確認も行います。

　プレイヤーやNPCに当たり判定が設定されていないと、ぶつかったときにそのままキャラクターをすり抜けてしまい、場合によっては本来行けないはずの場所に行けてしまうといったことも起きてしまいます。

建物やフィールド

　フィールド自体に対しての当たり判定は、以下のようなポイントを確認します。

- 地面の段差
- 建物や障害物などのオブジェクト
- フィールド内で進行不能なエリア

3Dアクションゲームなどでは、プレイヤーは通常移動以外にダッシュ
やジャンプ、しゃがみ、特殊攻撃など多様なアクションが取れるのが一
般的ですが、こういったアクションごとの当たり判定確認も行います。
例えば、フィールド上の壁に対して、通常移動で壁に当たるだけではな
くダッシュやジャンプをしながら壁に当たっていく、という具合です。
　もし何かの拍子に壁をすり抜けてフィールド外に出てしまった場合、
フィールドに復帰できずゲームの進行に影響がでてしまう可能性がある
ため、さまざまなシチュエーションで確認を行うことになります。

カメラ

　当たり判定を確認するのはプレイヤーやNPC、建物やオブジェクトな
ど目に見えるものだけではありません。ゲーム画面を映しているゲーム
内の**カメラ**についても判定があるかを確認します。
　3Dのゲームではカメラの角度を変えることができたりしますが、カメ
ラがキャラクターモデルの中に入ってキャラクターの裏側が見えてしま
わないか、カメラが建物の中に入ってしまってプレイヤーが画面上から
隠れてしまわないかなどを確認していきます。

　当たり判定では、さまざまなプレイヤーアクションやカメラ操作を組
み合わせることでバグが発生することもあります。もしキャラクターや
オブジェクトの当たり判定をすり抜けてしまい、本来行けるはずのない
場所に行けてしまうと、その場から抜け出せなくなったりゲームの進行
ができなくなったりしかねません。
　また、一見地味なテストではありますが、目に見える部分であるため、
何か異常があったときにユーザーに与える印象や影響が意外と大きかっ
たりするのも当たり判定の特徴です。

5-5 テキストチェック

　テキストチェックは主にテキスト主体のノベルゲームやアドベンチャーゲームで行われます。テキストチェックでは、膨大なテキストに対して以下のような確認をします。

- 誤字脱字などがないか
- テキストがメッセージウィンドウに収まっているか
- ストーリーの整合性が取れているか
- 公序良俗に反する表現がないか
- キャラクターごとの話し方や口調が適切か

　基本的にはテキストそのものを確認する作業になりますが、中にはシナリオ上の整合性が取れているかといった、**観点**の確認も行います。シナリオの不整合は条件分岐が多いゲームやサブシナリオが多いゲームで起こりやすいため、サブシナリオの発生タイミングとその段階での他シナリオの内容を把握しておかなければなりません。

　いまやスマホゲームであってもボイス入りが当たり前になってきており、その場合は「再生されるボイスと表示されているテキストが合っているか」といった確認も必要になってきます。また、キャラクターの立ち絵や表情がテキストやボイスに合っているかも同様に確認します。

　このようなテストは、非常に高い集中力が必要になります。実は誤字脱字が含まれている文章でも、前後の文脈などから脳が自動的に補完して意味が通るような補正が働いてしまいます。こうした脳の自動補正により、誤字脱字といったテキストの間違いを見逃してしまうことがあるのです。

物語を読むような意識でテキストチェックを行うと脳の自動補正によってバグの見逃しにつながってしまうため、一つ一つの文字や言葉が正しいかを意識してコツコツ確認していくとよいとされています。また、一度テキストを通して確認完了とするのではなく、誤字脱字といった文字校正の視点からの確認や、シナリオの整合性視点での確認など、確認を複数回行うことでもテキスト不備の問題に気づきやすくなります。

5-6　通しチェック

　通しチェックとは、ストーリーを最初から最後まで通してプレイし、ストーリー進行上の異常が起きないか、ストーリーをクリアすることができるかといった確認を行うことです。

　テストケースを活用したテストでは機能単体での確認になりやすく、機能をつなげて動かした場合の確認がおろそかになりがちです。機能を個別に確認したときは適切に動いていても、異なる機能を連続して動かしたときに異常が出ることが往々にしてあるため、最初から最後まで通して動くかの確認も必要となります。

　ストーリー進行上で発生するイベントやムービーの中にはスキップできるものがありますが、通しチェックの中ではイベントやムービーなどのスキップについての確認も行います。ムービーを流していると途中で止まってしまうが、スキップすると進めてしまうといったことが意外とあったりするのです。

　RPGやシミュレーションゲームなどでは、一度ゲームをクリアして2周目を始めるときに追加要素や引き継ぎ要素が入るゲームがありますが、その場合は追加要素がプレイできるようになっているか、引き継ぎ要素がきちんと引き継がれているかなども確認していきます。さらに、3周目、4周目と続けてプレイをしていき、周回を重ねても異常が起きないかの確認も行います。

通しチェックのタイミング

　通しチェックはゲームの品質が安定してきたテスト中期頃から始めますが、一度最後まで通してゲームをクリアして終わりではなく、プレイの内容を変えて何度も繰り返し行っていきます。また、通しチェックを行うテスターを変えることもあります。同じテスターが同じ作業を続けた場合、作業の効率はよくなりますが、逆にテストの視点が固定化されてしまって新しい発見が得づらくなります。これを回避するために、定期的に作業担当者を変えていきます。

5-7 多人数プレイチェック

　ゲームは昔から2Pプレイ、4Pプレイ、8Pプレイなど、多人数での協力・対戦プレイがあり、今でもオフラインモード、オンラインモードを問わず多人数プレイができるゲームが多くあります。

　テスト活動の中でももちろん多人数プレイに関する確認（**多人数プレイチェック**）を行っていきますが、多人数プレイで起こりやすい現象には以下のようなものがあります。

- ゲームが処理落ち（重くなったり遅れたり）する
- 操作が効かなくなる
- ゲームが止まってしまう

　仮にオフラインモードで4Pプレイができるゲームであれば、実際にテスターを4人集めてゲームをプレイすることになりますが、その際、4人分の操作やアクションが同時に発生してゲーム側が処理しきれなくなり、処理落ちしてしまうことがあります。また、4人のプレイヤー間で操作が重なったときなどに操作を受け付けないプレイヤーが出たり、ゲームが止まってしまったりすることもあります。

多人数プレイチェックのポイント

　多人数プレイでは、シングルプレイではない「複数プレイヤーでの同時操作」を重点的に確認していきます。意図的に狙うこともありますが、筆者の経験上、その多くは通常プレイを繰り返して、その範疇で問題が起きないかという形になることが多いです。

このテストをする際、テストという意識よりは多人数プレイを楽しむという意識が強くなり、テスター間でかなり盛り上がります。テスター間で気軽に話ができるとリラックスできて思考が柔軟になるので、自然とどういう確認をするか、どこが怪しいかという話題にもなり、それがテスター間でのノウハウの共有にもつながり、よい効果を生み出します。

5-8　ユーザーテスト

ユーザーテストは、モニター調査に近いイメージかもしれません。ある程度遊べる段階までできたゲームに対して、ゲーム開発にかかわらない第三者にゲームをプレイしてもらい、ゲームに対してのさまざまな意見を収集する活動です。

　ユーザーテストの実施方法の一例としては、指定のポイントまでゲームを進めてもらい、ゲームを構成する要素に対してどう感じたかを答えてもらう形が挙げられます。バトルシステム、キャラクター、サウンド、ガチャ、課金意欲、UIなどに対して、よいと感じる点、悪いと感じる点を挙げていくのですが、よい点、悪い点それぞれの理由も細かく挙げてもらうことでより具体的な意見が収集できます。

　例えば、「バトルが面白くない」という意見が挙がったとして、これだけではゲームをどうよくしていけばいいのか、何の手掛かりもありません。しかし、「バトルの動作一つ一つが遅くテンポが悪い」「バトルが単調ですぐに飽きてしまう」のように、その理由まで挙げてもらうことにより、具体的な改善ポイントが見え、改善内容を検討していくことができます。

　ユーザーテストはゲームの面白さに対するテストであり、日本ではまだ一般化していませんが、海外では重視されているテスト活動です。仕様どおり正しく作ったとしても、それが面白いゲームであるとは限らず、企画段階の想像上でしかないものを現実化した際に「思ったより面白く感じない」といったことは往々にして起こります。しかしゲーム開発関係者はバイアスがかかって客観的な評価が難しくなるため、このようなユーザーテストが重要なのです。

ユーザーテストの一環としてのCBT

　スマホゲームではCBTをユーザーテストの一環として実施することがあります。この形だと、忖度やバイアスのかからないリアルな意見を集めることができます。CBTであれば数千人規模の大量なデータを取ることができますが、プレイアンケートに自由記述を設けて定性的なデータを取る場合は注意が必要です。事前に回答を用意してそれを選ぶような形でのアンケートであれば定量的なデータとなりますが、自由記述の定性的なデータは集計が難しく、数千人分の大量の情報を一つ一つ確認していかなければならないためです。

5-9 バランスチェック

バランスチェックは、ゲームが想定している難易度になっているかを確認するために行われます。確認方法は組織やゲームジャンルによって変わってきますが、ゲームバランスはゲームの評価に直結するため、重要なテストの1つとなっています。

バランスチェックの一例としては、以下のようなものがあります。

- 初期装備のまま素直にストーリーを進めた場合、どこまで進行可能か
- その時点の最高装備でストーリーを進めた場合、どこでつまづくか
- 最高難易度のモードがクリア不可能となってしまっていないか
- ボス戦で攻略法を実践しても勝てなくなっていないか

例えばボス戦の場合、ボスの特性に対して無対策で戦って勝てるかや、対策をして戦った場合はどうかなどを確認していきます。その時点での適正レベルで、対策を立てずにボスに挑んで初見で撃破ができるような場合、そのボス戦の難易度は高いとはいえないでしょう。しかし、対策を立てないとまず勝てないとなれば難易度はやや高くなります。

とはいえ、ボス戦は難しければよいというものでもありません。ストーリー序盤であればゲームのシステムに慣れさせるためにボスを比較的倒しやすくしているゲームも多いですし、逆に高難易度コンテンツであれば運要素も絡まないと倒せないくらい難しくすることもあります。

このバランスチェックですが、近年では単独で行われているケースは多くなく、ユーザーテストの中に組み込んでいたり、CBTの中で行っていたりするケースもあります。

5-10 多端末テスト

　多端末テストはスマホゲームで実施されるテストであり、多数かつ多種多様なスマホでゲームが動作するかを確認するために行われます。スマホゲームのテストでは、ほとんどのケースで多端末テストが行われており、非常に重要なテストだといえます。

　テストを実施する機種数は30機種〜100機種程度となり、どの機種でテストをするかは以下のような一定の基準を設けて選定をします。

- OSバージョン
- 画面サイズ
- 画面解像度
- CPU
- メモリ
- シェア率
- メーカー

　多端末テストの目的は、大きく分けて以下の2つが挙げられます。

- 機種固有の問題が出ないかの確認
- スペックごとによるゲーム動作の確認

　現在では格安スマホが浸透して海外メーカー製の機種も多くなり、独自のOSやCPUを搭載している機種も増えてきました。例えばAndroid OSといってもオープンソースのソフトウェアであり、実はメーカーごとにカスタマイズをしていることがほとんどです。そのため、同じAndroid OSでもまったく同じ動作をするとは限らないのです。しかし、ある機種向けのAndroid OSにはどういったカスタマイズがされているかという情報はなかなか入ってきません。そのため、機種選定のポイントにメーカーが含まれてくることになります。

多端末テストのポイント

　多端末テストではゲームの仕様を細かく確認することはなく、ゲーム自体が動作するかに着目するため、ゲーム全体の機能を簡単に確認する程度のものとなります。

　ただし、多端末テストでは性能テストも含めて行われることがあり、その場合、テストする機種のスペックも最新の高スペック機種から動作保証ラインギリギリの低スペック機種まで幅広くそろえることが求められます。あまりにもゲーム自体の動きが重かったり、メモリ不足によってゲームが頻繁に落ちてしまったりすると、該当スペックのスマホを「非対応スペック」とすることもあります。

コンシューマーゲームでの多端末テスト？

　コンシューマーゲームでは多端末テストといった概念はありませんが、似たことを実施する場合があります。

　ゲームハードには型番というものが存在しますが、モデルやハードを構成する部品や性能が違うことなどにより、異なる型番が付けられることがあります。まれに特定の型番でしか発生しない現象があり、そういった現象がないかの確認のために型番ごとにテストを行うことになります。

　以下に、PlayStation 4の主な型番とその特徴を示します。

- CUH-1000系：初期モデル
- CUH-2000系：小型・軽量化した低価格モデル。USB規格の変更や無線通信規格への対応など
- CUH-7000系：ハイエンドモデル。基本的にはCUH-2000系と同仕様だが、4K対応され映像出力を強化

　ここで実施するテストの内容としては、ゲームの仕様自体というより基本動作の確認が中心になり、通しチェックやフリーテストなどが行われることが多いです。また、機材に余裕がある場合は、最初からテスターごとに型番を分けてテストしていくこともあります。

5-11 ガイドラインチェック

　ゲームを発売するには、任天堂やSIE（ソニー・インタラクティブエンタテインメント）、マイクロソフトといったゲームハードメーカーの審査をクリアしなければなりません。各社それぞれガイドラインを設けて細かく規定を定めており、ゲーム内でそのガイドラインに抵触する部分がないかをチェックするのがこの**ガイドラインチェック**です。

　ガイドラインチェックは任天堂ではロットチェック、SIEではTRC、マイクロソフトではTCRと呼ばれます。ガイドラインの内容には対応必須の内容があり、それらに抵触すると審査差し戻しとなってゲームを発売することができません。

ガイドラインの意味

　各社がガイドラインを定めている理由としては、いくつか考えられます。まず、ゲームハード本体や周辺機器は商標を取得しているため、ゲーム内で適切な表記がされている必要があります。また、審査なしに自由にゲームをリリースしてしまうと、品質の悪いゲームが出てきた際にゲームハードメーカーのブランドに傷が付く可能性があるため、最低限の品質を確認するためだともいえます。とはいっても、ゲームの面白さを確認するわけではなく、あくまでユーザーが触れる範囲内でゲームにバグがないかどうかの確認が中心です。

　ガイドラインチェックというとコンシューマーゲームのイメージが強いのですが、Google PlayやApp Storeなどにスマホゲームをリリースする際にもそれぞれのガイドラインが定められており、各プラットフォームの審査をクリアしないとゲームをリリースすることができません。

ガイドラインへの抵触事項があり、ゲームハードメーカーやプラットフォームの審査に落ちてしまった場合、該当箇所を修正して再審査を行うことになります。しかし、審査されるタイミングはそのときの状況次第となり、すぐに行われないこともあります。また審査自体も数日かかるため、審査に落ちてしまうとゲームのリリースに大きな影響を与えてしまいます。

5-12 LQA

LQA は Linguistic Quality Assurance の略で、言語に関する品質保証です。

　いまや、日本のゲーム会社が開発したゲームは日本だけでリリースされるのではなく、北米、欧州、アジアなどさまざまな地域でリリースされることが多くなっています。LQAでは、ゲーム内の言語が発売する地域の言語になっているか、内容が各地域の人に通じる内容になっているか、国や地域の文化にあわせた表現になっているかなどを確認していきます。これらはローカライズとカルチャライズに分けられます。

- ローカライズ：対象の国や地域の言語に切り替わっているか
- カルチャライズ：対象の国や地域の文化にあわせて表現が変更されているか

　ローカライズでは、対象の言語がわかる人でなければ内容までの確認は行えません。確認する際はなるべくネイティブの人（その言語を母国語としている人）が行うのがよいとされていますが、ネイティブかつゲームも日常的にプレイする人は少なく、現実的にはネイティブではない担当者が確認を行うことも多くあります。カルチャライズに関しても同様ではありますが、その国や地域に住んでいたことがあって現地の文化を知っている人がより望ましいです。

5-13 ライセンスチェック

　最後に少し特殊なテストを紹介しておきます。

　特にスポーツゲームに多いのですが、実在するゲームや商品、選手、スポンサーなどがゲーム内で登場することがあります。実名を使う場合、チームや個人などから実名使用の許諾が必要なのですが、実名使用にあたっては、以下のような部分で権利者（ライセンサー）との合意が必要になります。

- チーム名
- チームロゴ
- 選手名
- 選手の容姿
- 選手のパラメータ
- 競技場の名前
- 競技場の外観
- スポンサー看板

　ライセンスチェックとは、これらのライセンサーと合意した内容がゲーム内で反映されているかの確認となります。

　例えば、選手名の英語表記について大文字・小文字まで指定されていたり、スポンサー看板の並び順まで指定されていたりすることがあります。ゲーム内にライセンス関連の不備があると大きな問題に発展してしまう可能性があるため、開発側もテスト側も非常に慎重になります。

　スポーツチームのライセンスに関しては、所属するメンバーやスタメン選手などにも指定を受けることがあります。ゲームの開発・発売のタ

イミングがその競技のリーグ戦のどのタイミングの内容とするかはギリギリまで決まらないことがあり、選手のチーム移籍をリリース直前にゲームに反映させることも出てきます。

　ユーザーとしては、なるべく最新の情報がゲームに反映されているのがうれしいはずですが、リリース直前までライセンス関係の変更が入ると、開発するほうもテストするほうも、対応・確認にミスがないかと神経の消耗が激しかったりします。

第6章

ソフトウェアテスト の活動

第5章ではゲームにおけるさまざまなテストをご紹介してきました。本章では、テストの工程がどうやって進んでいくのかをより具体的に紹介します。

　ゲームのテストというと、自由にゲームをプレイしてバグを探すイメージを持つ人が多いかもしれません。しかし、テスターそれぞれが自由にテストをしていては、計画どおり進まなかったり戦略が立てられなかったりと統制が取れなくなり、適切なテスト活動が行えません。

　行き当たりばったりのテスト活動は非効率で非生産的です。価値のあるテスト活動を行うためには、適切なテストプロセスを経ていくことが重要なのです。

　本章では、テストプロセス、つまりテストにおける一連の作業の流れを見ていきます。ソフトウェアテストでは次の図に示すようなテストプロセスが基本形です。

　これらの一連の活動は、1つずつ順番に進めていくこともあれば、複数の活動を同時に進めることもあります。また、一連のテストプロセスを何度か繰り返すこともあります。いずれにしても、開発活動の内容に応じてテストプロセスを調整していくことが重要です。

6-1 テスト計画

先ほどのテストプロセスの図をもう一度示します。見るとわかるように、テスト活動はまず**テスト計画**を作るところから始まります。

| テスト計画 | テスト分析 | テスト設計 | テスト実装 | テスト実行 | 終了判定 | 終了作業 |

テスト管理

例えば、旅行に行く際に、まったくの思い付きで目的地も定めずに出発する人はいないはずです。多くの人は、事前にどこに行くのか目的地を決めたり、何泊するのか、どこに観光しに行くか、何を食べるか、予算はいくらにするかなどを決めたりするでしょう。これはいわば、旅行の計画を立てている、ということになります。

このように、何をするにもまずは計画が重要であり、これはテストも同様です。ゲームを含めたソフトウェア開発では実に多くの人とかかわることになりますが、テスト計画が存在することによって、テスト活動から遠い位置の役割の人（例えばプロデューサー）でも活動を把握することができ、プロジェクト全体でテスト活動の方向性や認識をあわせることもできます。またその際、テスト計画でどれだけ道筋を定められるかが、テスト活動が成功する鍵になってきます。

テスト計画として決めること

それでは、テスト計画としては具体的にどのようなことを決めていくのでしょうか。

テスト計画では、何を目的としたテストなのか、どのような考え方で行っていくのか、どういった体制で取り組むのか、などを想定、検討し、決めていきます。そのようにテスト活動をしていくうえで想定、検討する必要があるものすべてを洗い出し、方針を決めます。

　テスト計画で定めるべき要素には、以下のようなものがあります。

- テストの目的
- テストアイテム
- テスト戦略／テストアプローチ
- テスト開始／中断／再開／終了の基準
- 体制／役割
- コミュニケーション方法
- テストスケジュール
- 想定されるリスク

テストの目的

　オリジナルの新規ゲーム開発、IPモノの新規ゲーム開発、既存ゲームの海外版開発、既存ゲームの機能追加開発など、さまざまなプロジェクトがありますが、そうしたプロジェクトの背景を知ることでテストの目的も見えてきます。

　IPモノの新規ゲーム開発であれば、そのIPの世界観を活かしたゲームを開発、リリースすることで、そのIPのファン獲得につなげる狙いがあるでしょう。この場合、テストの目的としては以下のようなものが挙げられます。

- 新規リリースにあたり、機能が適切に動作しているかを確認する
- 想定外の操作や行動を取った場合に、ゲームに異常が出ずプレイできることを確認する
- IP原作の世界観となっているか、キャラクターの言動が原作に沿ったものになっているかを確認する

テストの目的は、いわばゴール地点のようなものです。ゴール地点を定め、そこに向かってどういう手段で進んでいくかをこのテスト計画の中で定めていきます。テストの目的を定めないままテスト活動を進めてしまうと、ゴール地点がわからないまま歩き出してしまうことになります。そうなるとゴール地点にたどりつけないどころかまったく違う方向に進んでしまい、結果的にやり直しが発生して無駄な時間・コストを費やしてしまうことになりかねません。

テストアイテム

テストアイテムとは、テスト対象となるソフトウェアを構成する一つ一つの機能のことを指します。例として、あるゲームＡを構成する要素・機能として、次の表のようなものがあったとします。

ゲーム	要素	機能
ゲームＡ	編成	パーティ編成
		装備編成
		サポート編成
		スキル編成
	強化	キャラクター強化
		装備強化
		スキル強化
	ガチャ	恒常ガチャ
		イベントガチャ

ゲームＡを構成している要素は「編成」「強化」「ガチャ」などがありますが、さらにそれぞれの要素を見ると、それらを構成している機能が見つかります。

　例えば「編成」で考えてみた際に、構成している機能として「パーティ編成」「装備編成」「サポート編成」「スキル編成」があったとします。これらの機能がテストアイテムと呼ばれるものであり、実際にテストを行う対象となるもの、というイメージです。

　また、テストアイテムの整理とあわせて、そのテストアイテムがテスト対象かテスト非対象かの整理も行うとよいでしょう。

　開発状況、テスト状況、予算、納期などの影響から、すべてのテストアイテムに対してテストができないこともあります。テストを行う対象をしっかり定めておくことで、「テストすると思っていた」「テストしないでよいと思っていた」といった認識の齟齬を防止することにもつながります。

　開発や顧客側が「テストすると思っていた」のに対して、テスト側は「テストしないでよいと思っていた」という状況は、実は結構起きやすいトラブルだったりします。

　これはお互いの考え方や意識、組織文化の違いなどが出てしまった結果です。組織が違えば考え方も異なるため、お互いの認識をあわせるのは重要だといえます。

テスト戦略／テストアプローチ

　テスト戦略とは、テストプロセスの指針となる考え方であり、このテスト戦略をプロジェクトごとに**テーラリング**したものがテストアプローチです。なお、テーラリングとは、標準的なプロセスや考え方をベースにして、プロジェクト個別の形に合うようにすることを意味します。

　例えば、ソフトウェアテストの考え方の中には「対処的戦略」というものがあります。これは、「テストチームはソフトウェアを受け取るまでテストの設計と実装を待ち、テスト対象の実際のシステムで対処する」といった戦略です。この戦略は、仕様書がない、もしくは更新がされて

いない場合や、何らかの理由によりテスト分析、テスト設計、テスト実装の工程を設けない場合に活用することができます。

　これをテーラリングしてテストアプローチにすると、「ソフトウェアを受け取るまでは類似ゲームをプレイしてゲームシステムの把握とテスト観点の検討を行い、ソフトウェアを受け取ったら検討したテスト観点を活用して探索的テストを行う」とすることができます。

　このように、何らかの考え方や指針をもとにして、より具体的にどういうことを行うのかを定めていきます。

　ゲーム開発では仕様変更も珍しくなく、むしろ頻繁に起こってしまいます。ただ、仕様が変わるから仕様書を作らない、状況の流動性が高いから戦略や方針を立てない、というのはよくありません。

　状況の流動性が高いのであればなおさら軸となる指針が必要です。戦略・指針があることで、想定外の状況が起きてもその戦略・指針に基づいた行動を取ることが可能になります。もし戦略・指針がなかった場合、取るべき行動がわからなくなり、テスト活動が破綻しかねません。

テスト開始／中断／再開／終了基準

　テストを効果的に行うため、そして無駄なコストを発生させないためにも、テストの開始／中断／再開／終了する基準を定めておきます。

　それぞれの基準の例を次の図に示します。

テスト開始基準	● テスト対象のソフトウェアが準備完了し、入手していること ● テスト環境の構築・準備が完了していること ● テストケースの作成が完了していること
テスト中断基準	● バグが多発し、テストの継続が困難な状態となった場合 ● 仕様変更や開発遅延などにより、テストスケジュールに影響が出る場合 ● 開発停止となった場合
テスト再開基準	● テストを阻害している事象が解消され、テスト実行が可能となった場合
テスト終了基準	● 予定していたテストケースがすべて消化済みであること ● 発生したバグがすべてクローズもしくはそれに準ずる対応がされていること

例えば、テストの開始基準を満たさないうちにテスト実行活動を始めてしまうと、次に挙げるような問題が起こって効果的なテストが行えず、無駄なコストをかけてしまう要因となります。

- テスト実行が始まってもテスト用のバイナリがない
- テスト用のバイナリが起動せず、テストが開始できない
- テスト可能なテストケースがなく、テストが進められない
- テスターはいるがテストが進められず、コストだけがかかってしまう

　テストを進めている最中でも、例えば、バグが大量に出てなかなかテストを進められないといった問題が起こり得ます。そのままテストケースを消化しようとしても、すぐにバグが出てしまってテストケースの消化スピードが上がらなかったり、テストケースのテスト結果が「NG」だらけとなり再テストが大量に必要になったりと、いたずらにコストをかけてしまうことになります。

　そのため、事前に「テスト活動に支障が出るような状況になったらテストを中断する」というような基準を定めておくことで、コストの浪費を避けることができ、より効果的なテスト活動を行うことができます。

体制／役割

　プロジェクトにどういった役割の人がかかわり、どういった体制で取り組んでいくのかを定めます。

　役割や体制を明示することで、関係者の立ち位置や役割の共通認識を持つことができ、誰にどの要件で連携を取ればよいのかがわかりやすくなります。体制図や役割表を作成しておくことで、関係各所との円滑なコミュニケーションや作業連携やトラブル防止にもつながります。

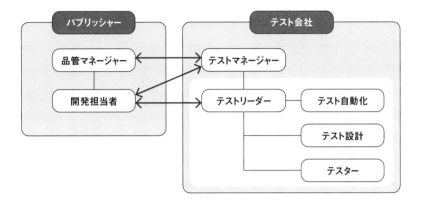

コミュニケーション方法

　テスト活動を行う中で、さまざまな報告ごとや日常的なコミュニケーション、会議体などの形式で、関係各所とコミュニケーションを取る機会が多くあります。その都度、どうコミュニケーションを取るのかを決めるのではなく、どういったタイミングで、どのような手段でコミュニケーションを取るのかを事前に定めておく必要があります。

　例としては、定例会議や日々のテスト作業報告などが挙げられますが、さらに定例会議はいつ行うのか、誰が参加するのかなども定めていきます。日々のテスト作業報告についても、報告ツールはメールなのかチャットなのか、誰が何時に報告するのかといったことを定めます。

　このように関係者間で共通認識を持っておくことは、トラブル防止や円滑なコミュニケーション、各関係者の作業の円滑化につながるなど、プロジェクトを進めていくうえでとても重要です。

バグのライフサイクル

　バグを見つけたら、バグを解決するための活動が必要です。バグを見つけるのはテスターですが、そのバグを調査・解決するのはプログラマーのため、関係者間でバグの取り扱い方を決めておく必要があります。

　大まかな流れとしては、テスターがバグを発見したらバグレポートを作成して開発担当者に報告し、開発担当者はバグレポートの内容を見て

原因調査および修正を行います。その後バグの修正が完了したらそのバグをテスターに戻し、テスターが修正されているかの確認をして終わり、となります。

　この一連のバグの動きを**バグのライフサイクル**といい、ライフサイクルを含めたバグの管理は Excel、Google スプレッドシート、BTS（Bug Tracking System）などのツールを活用して行われます。バグが今どういう状況にあるのか、バグのステータスは常に管理する必要があり、もしバグの状況がわからなければ、今誰かが調査中なのか、修正中なのか、すでに修正されたのかなど、品質を可視化することが難しくなってしまいます。

　BTS とはバグ管理を行うツールであり、オープンソースのソフトウェアから有償の SaaS（Software as a Service：クラウド上にあるソフトウェアをインターネットを通じて利用するサービス）までさまざまなものがあり、自分たちの組織に合ったツールを選択して活用します。次の図には、メジャーな BTS の 1 つである Redmine の画面例を示します（Wikipedia より引用）。

テストスケジュール

　テスト工程ごとにスケジュールの決定も必要です。スケジュールを決めていくにあたり、開発工程の考慮が必要だったり、リリーススケジュールの考慮が必要になったりします。

　テストスケジュールと要員アサインとは密接に結びついています。テストは下流工程のため、開発の遅れの影響を受けてテスト期間が短縮されてしまうことが多々あります。テスト期間は短くなったもののテストボリュームが変わらない場合、1日あたりのテスター数を増やして対応することを検討することになります。

　しかし、単にテスター数を増やせばテストが進むかというと、そうでもありません。うまくいかないケースも多々あるため、テスト内容も考慮をしたうえで最適なテストスケジュールと要員アサインが求められることになります。

想定されるリスク

　ソフトウェア開発にはトラブルがつきものです。最後まで事前の計画どおりに進むことは非常にまれであり、ほとんどの場合、何かしらのトラブルや計画変更が発生します。

　リスクとは、「将来起こる不確定な事象とその影響」を意味します。あらかじめどういったリスクが考えられるのかを想定し、予防策を講じたり発生時の対応を備えたりしておくことで、リスクが現実化した際の影響を最小限にとどめることができます。

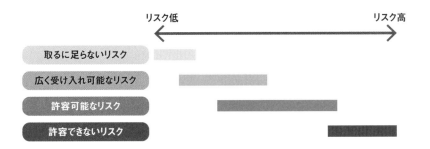

リスクには「プロジェクトリスク」と「プロダクトリスク」の2種類があります。プロジェクトリスクはプロジェクトのマネジメントとコントロールに関するリスクであり、プロダクトリスクはテスト対象に直接関係するリスクです。

　プロジェクトリスクには、以下のようなものが含まれます。

- タスク完了が間に合わない
- 人的リソースが足りない
- エンジニアの技術スキルが足りない
- チーム間のコミュニケーションが取れていない

　一方のプロダクトリスクには、以下のようなものが含まれます。

- 機能が仕様どおりに動かない
- 機能がユーザーのニーズに合っていない
- 動作が遅い、重い
- わかりづらい、使いづらい

　テスト計画は、開発が終わってから作成するのではなく、開発の初期段階から開発と並行して作成すべきです。とはいえ、テスト計画作成の初期段階ではまだまだ不確定要素や未決定事項が多く、方針を立てるにも情報が足りないケースが出てきます。その場合、考慮・検討が必要な項目を洗い出しておいて、情報に進展があった際に具体的な方針を決めていくとよいでしょう。

　テスト計画の策定は非常に重要な工程であり、テスト活動全体にかかわるものです。テスト計画が作成されていないプロジェクトでは、行き当たりばったりの対応が増えてしまい、テストの質の低下やトラブルの発生につながっていってしまいます。

6-2 テスト分析

　テスト計画でテスト全体の方針を定めたら、以後の工程は、基本的に
テスト計画に沿って進めていきます。

　テスト計画の次に行うのは**テスト分析**です。この工程では「何をテス
トするのか」を定めていきますが、その際、主に「テスト対象分析」「テ
スト要求分析」という2種類の作業を行います。

◉ テスト対象分析

　この分析の目的は、テスト対象のことを知ることです。仕様書などの
ドキュメントを参照し、どういった機能があるのか、どういう振る舞い
をするのかなどを把握し、理解していきます。

　いきなり機能一つ一つを確認しても、それがゲーム内でどう動くのか
（影響するのか）がイメージしづらいため、ゲームのコンセプトや主要な
要素の確認から入り、ある程度ゲームの全体像が把握できてから機能を
深掘りして確認していくと、効率よく把握、理解していくことができま
す。

　その際は、企画書や概要書といったものにゲームのコンセプトやゲー
ムシステム、主要な要素などがまとまっているため、これらのドキュメ
ントを見ていくことが一般的です。そして、ゲームの全体像を把握した
状態で仕様書を見ていくことで、機能間のつながりがイメージしやすく
なったり、仕様理解の深度が増したり、テストするうえでの懸念点や疑
問点などが見つかりやすくなります。

仕様書

ゲームの各機能単位での役割・目的
や機能自体を伝えるもの

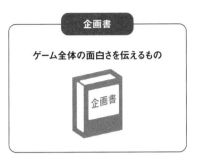

企画書

ゲーム全体の面白さを伝えるもの

企画書

　テスト対象分析はよく「仕様把握」「仕様理解」などとも呼ばれ、場合によっては100ファイル近くある仕様書や関連する資料を確認していくことになります。ものごとの理解速度は個人差があるため、このテスト分析の工程にどれだけの時間をかければよいのかは非常に悩ましい問題です。仕様書をただ読むだけでは理解したとはいえず、しかし仕様書の内容を完璧に理解したというまでテスト分析を行うと工程が長期化してしまいます。

🐾 テスト要求分析

　顧客や開発チームが「何に」「どういう」テストを求めているかを確認し、整理します。顧客や開発チームからの要望だけでなく、テスト対象分析を経てどういったテストが必要かの整理、検討を行い、顧客や開発チームとテスト内容の調整を行います。

　次工程のテスト設計につなげるため、テスト分析では中間成果物として機能一覧を作成することがあります。機能一覧は、仕様書に書いてあることをそのまま書き写すのではなく、仕様書などから得た情報をもとにゲームの構造を整理、可視化することが必要です。

テスト設計とテスト分析の関係

　実は、テスト分析は一度行って終わりではなく、テスト設計の完了ま
で継続して繰り返し行う作業です。テスト分析とテスト設計を繰り返す
ことでテスト対象に対する理解度が上がっていき、適切なテストを作っ
ていくことができます。

6-3 テスト設計

テスト分析では「何をテストするのか」を定めましたが、次の工程である**テスト設計**では「どのようにテストするのか」を決めていきます。

テスト設計では、テスト分析で整理をした機能に対して、どういったテストを行うのかというテストの観点を考えていきます。これを**テスト観点**といい、テストの切り口や着眼点といったイメージです。

例として、プレイヤー名の入力に対するテストで考えてみましょう。このプレイヤー名入力は、以下のような仕様であるとします。

- 有効文字数は4文字以上8文字以下
- ひらがなのみ有効
- ひらがな以外は無効であることを示すエラーを表示
- すでに登録済みの名前でも重複して登録が可能

この仕様に対してテスト観点を検討していくと、以下のようなものが考えられます。

- 入力文字数
- 入力文字種
- 重複登録

続いてさらに、このテスト観点から考えられるパターンを整理していきます。入力文字数のテスト観点の場合、同値分割や境界値分析のテスト技法を活用することができ、パターンとしては以下のようになります。

- 下限文字数-1文字
- 下限文字数
- 上限文字数
- 上限文字数+1文字

　ここまでの情報を整理すると、次の表のようにまとめられます。テスト設計では、ただ仕様書の記述内容を書き写すのではなく、どういうテストが必要かを考える必要がありますが、まずはこのように「機能×テスト観点×パターン」を整理したもの、つまりテストの骨組みを作っていくことになります。

機能	テスト観点	パターン
プレイヤー名入力	入力文字数	下限文字数-1文字
		下限文字数
		上限文字数
		上限文字数+1文字
	入力文字種	有効文字種
		無効文字種
	重複登録	-

　従来のゲームデバッグ（バグ出し）文化においては、チェックリストの作成にとどまり、テスト観点を考えるようなテスト設計の活動はほとんどされることはありませんでした。

　「仕様書の記述内容を書き写してテストケースを作成する」という手法は、ソフトウェアテストでも「コピー＆ペースト＆モディファイ法（CPM法）」と呼ばれ、認知されています。

しかしこの手法は、ただ仕様書の内容を書き写しているだけになるため、何に対してどういうテストが必要か考えるという、本当の意味でテスト設計活動といえるものではありません。何となくそれっぽいテストケースを作成してテストを行っているだけです。

　一方、ここで紹介したようなテスト設計を行うことで、テストすべき機能やテストすべき観点、パターンなどの抜け漏れ防止となり、質の高いテストにつながります。近年のゲームは複雑になっており、テスト設計をせずにフリーテスト（フリーデバッグ）だけで品質を担保していくのは難しく、テスト設計の重要性が高まっています。

6-4 テスト実装

　ここまでで、何をどのようにテストするのかが定められました。しかし、この状態では具体的なテストのやり方が決まっていないため、テスターによってはテスト内容の解釈が違ったり、テスト方法が変わってしまったりして、意図していたテストが行えない可能性があります。

　そこで、続く**テスト実装**の工程では、テストの手順とその結果どういった挙動になるのかという期待結果を定めていきます。

　テスト手順と期待結果を定めることにより、狙いどおりのテストができるとともに、誰が何回テストを行っても同じテストが行えるようになり、テストの属人化を防ぐことができます。

　テスト設計の例で挙げたプレイヤー名入力について、入力文字数の下限値の挙動を確認するテストケースのテスト実装を行うと、以下のような内容になります。

- 前提条件
  - ゲーム初回起動であること
- テスト手順
  - 手順1：ゲームを起動する
  - 手順2：タイトル画面で［START］を押下する
  - 手順3：プレイヤー名入力ダイアログで、プレイヤー名をひらがな4文字入力する
  - 手順4：［OK］を押下する
- 期待結果
  - プレイヤー名の入力が完了できること

前提条件やテスト手順は、ある程度ゲームを把握・理解している人にとっては当たり前の情報かもしれません。しかし、もしこれらの情報をカットしてしまうと暗黙的な情報が増え、テストの属人化が進んでしまいます。

　このようにテストケースとして具体化することによって、プロジェクトに関係のない人でもすぐにテスト実行ができるようになるため、属人化を防止できます。

No.	テスト対象			画面	テスト観点	テスト条件	テスト手順	期待結果
	大区分	中区分	小区分					
■ 画面・詳細機能								
1	トップ	-	-	トップ画面	表示確認	-	1.アプリを起動する 2.トップ画面に遷移し目視確認する	画面全体の表示崩れ、文字化けなどがないこと
2	トップ	はじめから	-	ゲーム開始画面	遷移確認	進行中データなし	1.アプリを起動する 2.トップ画面で"はじめから"をタップする	新規にゲーム開始できること
3	トップ	つづきから	-	ゲーム保存画面	反映確認	進行中データあり	1.アプリを起動する 2.トップ画面で"つづきから"をタップする	ゲームが再開できること

　必ずしも同じテスターが何年も同じプロジェクトにかかわり続けるわけではなく、配置換えや退職などにより交代が発生します。こうしたテストケースがあることで、テスター交代時のテストクオリティの低下を防止することにつながり、長期的に考えるとテストケースがもたらす効果や影響はとても大きいものになります。

🐾 テストケースの再利用

　テストケースにしろチェックリストにしろ、基本的には一度作成したものを何度も再利用してテストに活用します。例えば、既存のテストケースをそのまま使用したり、部分的に変更を加えて使用したりします。

　その際テストケースの作り方に問題があった場合、テストケースの総量が少なければあとでテストケース全体を修正することもできますが、大抵、テストケースは大量に作成されるため、あとから修正するのは現実的ではありません。

　大量のテストケースを修正するよりも、最初から適切な内容でテストケースを作成したほうが結果としてコストも品質も向上します。目の前だけを見ないで先を見据えた活動が大切です。

6-5 テスト実行

いよいよテストの実行です。

テスト実行は、スクリプトテストとフリーテストの2つに分けることができます。ここからは、これら2つのテストについて説明していきます。

スクリプトテスト

スクリプトとはテスト手順のことを指します。テスト手順が台本（Script）のようであるため、スクリプトテストと呼ばれています。

主に、機能が正しく動いているかを確認する場合に活用されます。

フリーテスト

スクリプトテストとは逆に、テスト手順がなく自由な発想でテストを行うことを指し、主にバグを探し出すために行われます。

第4章でも触れたように、フリーテストには、さらに大きく分けて3つのテスト手法があります。

モンキーテスト

「モンキー」という名前のとおり、テスト対象のソフトウェアの使い方を知らない「猿」に使わせたときに何が起きるか、を確認するようなテスト手法です。

猿はソフトウェアの使い方がわからないため、ランダムで不規則な操作や、コントローラやスマートフォンを投げたりかじったりと予測もしない行動を取ることでしょう。

このようにモンキーテストでは特殊な行動・操作がされますが、バグを狙っているわけではないためバグ検出は偶然に頼ることになってしまいます。

アドホックテスト

その場その場の思い付きでテスト内容を考えて実行する、アドリブ型のテストであり、モンキーテストよりはバグ検出効果は高くなります。ただし、テスターの経験やセンスに強く依存するため、属人性の高いテスト手法だともいえます。

ゲームのテストで、「ベテランデバッガーが辞めたらバグが出なくなった」という話が出たりしますが、アドホックテスト主体のテストではこういった問題が起こります。根本的には、テスターに頼った属人性の高いテスト体制になっており組織的な活動ができていないことが問題のため、属人性を抑えたテスト体制の構築が必要となります。

探索的テスト

テストケースは使わないものの、テスト設計とテスト実行を頭の中で行う高度なフリーテスト手法です。

テストを始める前に、どこで何をするか、何を狙ってテストをするかを組み立てます。そうしてテストを行いますが、テスト実施後もテスト内容やテスト結果を振り返り、テスト結果を通して学習をしたり次のテストにつながるヒントを探したりします。

このような「仮説⇒検証⇒学習」のサイクルを回してバグを狙っていくのが探索的テストです。テストの実行結果、バグの発生傾向など、さまざまなデータを収集・分析して、どこにバグが潜んでいるか、どういうことをしたらバグが起きるのか、などを考えてテストを行っていくのです。

探索的テストでは、テストの狙いやテスト結果などをテストチャーターというものに記録することがあります。そうすることで思考が見える化されチーム内で共有することでナレッジ共有の効果が期待できます。

6-6 テスト管理

　テストケースの作成が完了したらテストを開始していきますが、テスターやプロジェクトなどをコントロールしないと、効率的・効果的なテストは行えません。そのため、テスターをまとめる役割としてテストリーダーがおり、テストの管理を行います。

　テスト管理では、主に以下を行っていきます。

テスト準備

　テストを開始するにあたって、テストケース以外にもさまざまな準備が必要です。テストで必要となる機材、作業ルール、テストデータ、ドキュメントのフォーマットなどがあり、事前にこれらを準備する必要があります。

　テストの準備は基本的にはテスト実行開始前に行います。事前にしっかりと準備を整えてからテスト実行を始めることで、不要な混乱を抑えてテストの実行自体も円滑に進めることができます。

テスターの作業管理

　テスターそれぞれにどういった作業を割り当てるか、指示した作業が終わったら次は何を任せていくか、といった作業管理が必要となります。

　テスターには、単調な作業でもミスなく高スピードでできる人、自由度の高い作業だとバグをたくさん見つける人などそれぞれに特性があり、テスター個々の特性を把握したうえで最適な作業を割り振ることにより、テスト効率を上げていくことができます。

テスト進捗のモニタリングとコントロール

テスターの作業管理とあわせて、テスト進捗のチェックも必要です。割り振った作業がどの程度進んでいるのか、進行状況がよいのか悪いのかを把握し、進行状況が悪ければ原因の調査や分析を行い、対策を打っていきます。

進行状況のよしあしを測るためには、事前に計画、指標が必要となります。そして現在の状況をモニタリングし、それで得た情報が事前の計画や指標とどれだけ乖離しているかを測り、計画に沿うようにコントロールしていくことも大切です。

バグレポートの添削

テスターが作成したバグレポートを添削するのも、テストリーダーの役割の1つです。

文章がわかりやすくまとまっているか、発生手順や現象が適切な表現となっているかなどを確認します。第三者に文章だけで現象を伝えるのは思ったより難しく、簡潔かつ正確にまとめることが大切です。

バグレポートの内容に不備があった場合、起票者に指摘をして本人に修正してもらいます。テストリーダーが直せばよいと思う人もいるかもしれませんが、何が悪かったのかを理解し、どうすればよいのかを体験しないとバグレポートの作成能力が改善せず、毎回添削で指摘されることになってしまいます。

トラブルへの対処

ゲームを含むソフトウェア開発では、テスト開始までに提供されるはずだったバイナリデータができていない、テストの進捗が遅れているなどのトラブルがつきものです。

そのため、予測できるトラブルはリスクとして想定しておき、そのリ

スクをどう予防するか、そのリスクが起きた場合はどう対処するかをあらかじめ考えておくことで、リスクを軽減したり発生時の影響を最小限にとどめたりすることができます。

　ただし、事前にリスクとして想定できないトラブルもあります。その場合は発生してから対処を考えていくことになりますが、まずは対症療法で起きている問題の解決を行い、そのあとに根本的な改善を図っていきます。

第 **7** 章

先端的な
技術の活用

ゲームデバッグという人力によるバグ出しから、ソフトウェアテストを活用したゲームテストに移り変わっていっても、基本的には人力で行うアナログ的な方法であることには変わりません。

　現代は労働人口が減少傾向にあります。そしてその影響もあり、さまざまなものを機械化していく風潮が強くなっています。数年前はRPAという言葉がもてはやされ、今はAIという言葉がよく出てきますが、ゲームテストもここ数年で「テスト自動化」というワードがよく出てくるようになりました。

　本章では、ゲームテストへのテスト自動化やAIの活用などについて紹介します。

7-1 テスト自動化とは

　テスト自動化とは、その名前のとおり「テストを自動的に行えるように
すること」です。テストの準備やテスト作業など、人間が行っていた
テスト活動を機械に置き換えてしまおうというわけです。

　近年のゲームを含むソフトウェア開発では、システムの複雑化が進み、
また高品質を要求される傾向が強くなりましたが、一方で予算や納期に
は限りがあるのも現実です。人力の部分を機械に置き換えることで、予
算や納期に貢献したり、品質の安定化につなげたりすることができます。

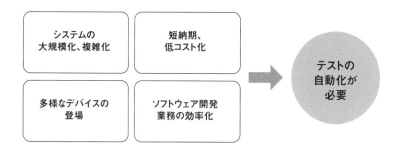

　Web系のシステム開発においてはテストの自動化は一般的ですが、
ゲーム業界はまだまだアナログな傾向にあり、手動テストから脱却でき
ない組織も多くあります。ゲームのテストでは、今でもゲームを人の手
で動かして「バグが出ていないか」「仕様どおりに動いているか」などを
確認しています。

　こうしたテストは1回実施したら終わりというものばかりではなく、テ
ストの種類や内容によっては同じテストを何回か繰り返し実施すること

もあります。テストの内容や確認するポイント、細かいテスト手順など
が明確に定まっているのであれば、誰でも確認を行うことができます。
誰でも確認できるのであれば、それは機械でもできるだろうと考えられ
ます。

テスト自動化のメリット

　人間は長時間働くと疲労がたまったり集中力が続かなかったりします。
また、夜遅くなると眠気によって思考力や集中力が低下していきますが、
機械には眠気や疲労などはなく24時間365日一定の生産性を維持して稼
働し続けることができます。
　テストを機械に置き換えることで得られるメリットは大きく次に挙げ
る3つです。

- コスト削減
- テスト期間の短縮
- 品質の安定化

　しかしテストの自動化にはコストや時間がかかるため、テストを自動
化する目的をしっかり定めて取り組まないと失敗する可能性が高くなっ
てしまいます。
　テスト自動化は目的を絞り、最初は限定的な範囲から取り組んで効果
が出てきたら少しずつ拡大していくとよいでしょう。小規模な取り組み
の中で自動化の有効性や実現性を確認できるため、仮にその取り組みの
中で効果が見込めないと判断した場合、影響も最小限で済むことになり
ます。

テスト自動化の8原則

第4章で紹介したように、ソフトウェアテストには7原則というものがあります。テスト自動化にも共通する原則があり、これを**テスト自動化の8原則**といいます。なおこれは、テスト自動化の技術領域の定義と啓蒙、推進を行っている「テスト自動化研究会（STAR：Software Testing Automation Research Group Jp）」が提唱しているものです。

① 手動テストはなくならない
② 手動で行って効果のないテストを自動化しても無駄である
③ 自動テストは書いたことしかテストしない
④ テスト自動化の効用はコスト削減だけではない
⑤ 自動テストシステムの開発は継続的に行うものである
⑥ 自動化検討はプロジェクト初期から
⑦ 自動テストで新種のバグが見つかることはまれである
⑧ テスト結果分析という新たなタスクが生まれる

このテスト自動化の8原則について、それぞれの原則の概要を以下にまとめます。

① 手動テストはなくならない

テストの中には、ユーザビリティテストなど、そもそもテスト自動化が難しいテストが存在しています。また、テストを自動化するコストと、それによって得られる効果が釣り合わないケースもあります。こういったことから、手動で実施されるテストがなくなることはありません。

② 手動で行って効果のないテストを自動化しても無駄である

　テスト分析やテスト設計が適切に行われていないテストは、優秀なテスターが手動でテストを実施したとしても、テストに期待される動作の保証やバグの検出といった効果を発揮しません。これは自動化しても同様です。

③ 自動テストは書いたことしかテストしない

　手動テストでは、テストケースに書かれた内容以外に暗黙的に広範な要素をテストしています。対して自動テストでは、操作、合否判定を厳密に記述する必要があり、おのずと視野は「記述されたように」限定されてしまいます。

④ テスト自動化の効用はコスト削減だけではない

　テスト自動化によってコスト削減ができるとしたら、以下のようなパターンであると考えられます。

- パターン①
  - ① 十分に成熟しているテストケースがすでに存在している
  - ② そのテストが今後何度も実行される予定がある
  - ③ 自動テストの開発を円滑に進めるための準備が完了している
- パターン②
  - ① テストの手順が同じである
  - ② テストすべきデータが膨大に存在する

　これらは限定的な局面ではありますが、テスト自動化には繰り返し型開発におけるセーフティネットとしての役割や、バグ修正日数の低減など、開発アクティビティへの効用も存在します。

⑤ 自動テストシステムの開発は継続的に行うものである

　テスト対象の変化への追従、テスト内容の追加や変更に対する適応といった、「今あるものが継続的に効果を発揮するための活動」や、自動テストのターンアラウンドタイムの向上、信頼性の向上など、「システムの価値を向上させていくための活動」など、自動テストシステムに対して行うべきことは多岐にわたります。

⑥ 自動化検討はプロジェクト初期から

　自動テストがテスト対象システムをよりよく操作・判定できるようにしたり、セーフティネットを最適なコストで構築したりするためには、プロジェクト初期段階から検討・設計しておく必要があります。

　また、テスト計画を策定する段階で繰り返し実行されるテストがわかる場合、テスト自動化を前提としてテスト計画を策定していくと効果的です。

⑦ 自動テストで新種のバグが見つかることはまれである

　自動テストで運用されるテストケースは、テストを自動化する前に人の手によってテストが実施されており、それによってすでにバグも発見されていることになります。運用にのった自動テストは、「一度動いたはずの機能がうっかり壊れる」ことを最速で発見することにあります。

⑧ テスト結果分析という新たなタスクが生まれる

　手動テストでバグが発見された場合、テスト実行者がバグ発見までの行動を把握しており、バグ再現手順の検証・最適化をしたあと、バグレポートの登録を行います。

　しかし、自動テストでNG判定が出た場合は、そこで何が起きたのか人間が改めて確認する必要があります。

7-2 テスト自動化の
ポイント

　具体的にテストを自動化していくには、まず、どういったものがテスト自動化に向き、逆にどういったものが向いていないのかを理解する必要があります。

　テスト自動化の向き／不向きを簡単にまとめると、以下のようになります。

- 自動化に向くテスト
  - 確認したいポイントが明確
  - テスト手順が明確
  - そのテストが複数回繰り返し行われる
  - テストの実施頻度が高い

- 自動化には不向きなテスト
  - 確認したいポイントが不明確
  - テスト手順が決まっていない
  - 繰り返し実施されない
  - テストの実施頻度が低い

　機械は指定したことしかできません。そのため、テスト手順が確立されていないと機械に置き換えることが難しくなってしまいます。また、テスト自動化は長期的に何度も実施していくことで初めて効果が出てくるため、テストの実施頻度が低いものや、そもそも1回しか実施されないようなテストはテスト自動化に向いていません。

テスト自動化に向いているテストの例

テスト自動化が向いている具体的なテストの一例は、以下のようなものです。

リグレッションテスト

第5章で登場したリグレッションテストは、テスト自動化向きのテストです。

新しいバイナリデータが提供されるタイミングで都度実施され、テスト内容も一定の内容であることが多いこのテストは、非常にテスト自動化に向いています。

繰り返し系のテスト

一定の行動を何度も繰り返すようなテストも、テスト自動化に向いています。

インゲームにオートバトル機能が実装されているゲームも増えていますが、オートバトル機能を活用してインゲームを何度も繰り返し行い、メモリリークやその他の異常が起きないかという確認を機械で行うことができます。

プログラム上では必要な分のメモリを確保して使い、役割を終えた際に確保していたメモリを解放していきますが、メモリの解放がされないとメモリが占有されたままとなり、占有されたメモリが他のプログラムで使えなくなってしまいます。このような現象をメモリリークといいます。メモリリークが発生すると、ゲームが停止してしまったり、処理に時間がかかってしまったりと、動作異常を引き起こしてしまいます。

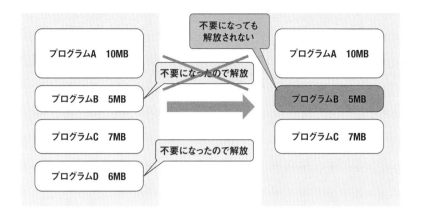

メモリの占有、解放のタイミングは、そのプログラムを実装した開発者しかわからないため、テスト担当者がメモリリークを狙って意図的に起こすことは困難です。そのため、インゲームを何度も繰り返したり、アウトゲームを含めたさまざまな機能を長時間動かしたりすることがメモリリークの確認につながっていきます。

また、インゲームでは、スキルや必殺技の発動時に派手なエフェクトが発生したり特殊な演出が発生したりしますが、これらの演出の組み合わせでもメモリリークにつながることがあります。スマホゲームでは定期的に新規キャラや新規スキル、必殺技などが実装されますが、追加実装されたキャラ、スキル、必殺技などをひたすら使い、異常が起きないかを確認することもあります。

イベント施策のテスト

スマホゲームでは、イベントの種類ごとに同じシステムとなっていることがあります。イベントごとにまったく新規のシステムとなることは少なく、ストーリーや報酬などを変えて定期的に開催されることが多くなっています。

基本的なシステムが同じであれば、テストするポイントも同じものになってきます。また、イベントは定期的に開催されるため、イベント施

策系のテストもテスト自動化向きといえます。

多端末テスト

第5章で紹介した多端末テストもテスト自動化に向いています。

スマホゲームでは新規リリース時や大型アップデート時などに多端末テストを実施することがありますが、このテストでは特定の決められた内容を場合によっては50端末など大量の機種で確認します。そのため、同じテストを何回も繰り返すことになり、自動化が有効です。

テストの自動化はPCとスマホを接続し、PC上でテスト自動化ツールを稼働させることによりスマホを自動操作することが多いです。PC 1台に複数台のスマホを接続することで、複数並行して自動テストを実行することが可能になります。

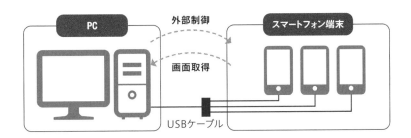

🐾 テスト自動化に向かないテストの例

逆に、テスト自動化が向かないテストには以下のようなものがあります。

フリーテストなどバグ出しを目的としたテスト

機械では決められた動きしかできず、正否の判断も決められた範囲内でしか行えません。つまり状況にあわせたテストを精緻に行うことができないのです。

フリーテストはその都度テストの内容が変わっていき、ゲーム上で起こっている現象について問題の有無を判断していくのですが、これは機械では難しい作業だといえます。

ユーザーテスト

　このテストは「ユーザー感情」という目に見えないものを測るテストです。そのため明確に正否の基準を設けるのが難しく、機械では判断ができないので、自動化には不向きです。

　すべてのテストにテスト自動化を導入すれば、大幅にコストを削減しつつ大きく品質を上げられると思いがちです。しかし、すべてのテストが自動化に向いているわけではなく、そもそも人がやるべきテストもあるため、テスト自動化は一定の範囲内でうまく活用していく必要があります。

7-3 テスト自動化の流れ

　ここまでテスト自動化の概要を説明してきました。

　ここからはテスト自動化をしていく際、具体的にどういうことを行うかを紹介していきます。

　テスト自動化のプロセスは、大まかに次の図のようになります。

自動テスト
要求分析　→　自動テスト
設計　→　自動テスト
スクリプト実装　→　自動テスト
スクリプト実行　→　自動テスト
結果分析

　以降、それぞれのプロセスの内容を見ていきましょう。

自動テスト要求分析

　まず、テスト自動化ができるのか、どういうテスト自動化が有効なのかを分析していきます。

　すでにテストケースがある場合は、その内容を確認して自動化できるかを精査していきます。このとき、テスト自動化をすることで手動テストよりも工数がかかってしまわないか、という点には注意が必要です。

　テストを自動化することに意識が向きすぎると、自動化することが目的となってしまいますが、結果として逆にテスト工数がかかってしまっては本末転倒です。

　テストケースがない場合は、実施される（実施されている）テスト内容を確認していきます。テストの種類や内容から、自動化に向くテスト

かどうかを検討したり、どういった形でテスト自動化をしていくと有効な効果が得られるかなどを検討したりしていきます。

自動テスト設計

　テスト自動化の分析を行ったら、次に自動テストを設計していきます。ここでは、テストを自動で行うためのシナリオを作成します。ゲーム的にいうとシナリオのフローチャートを作るイメージが近いかもしれません。

　1つのシナリオにたくさんのテストを含めたほうが効率がよいと思うかもしれませんが、自動テストのシナリオは長ければ長いほどよいというわけではなく、逆に非効率になってしまうこともあります。

　シナリオが長いことで自動テストの実行時間が延びたり、自動テストスクリプトでエラーが出た場合の原因調査や修正に時間がかかってしまったりします。また、シナリオが長いと他のテストへの流用がしづらくなり、資産の有効活用ができなくなってしまいます。

自動テストスクリプト実装

　自動テストのシナリオができたら、あとはスクリプトを作成していきます。ゲームのテスト自動化では、Airtestという画像認識の技術を活用したテスト自動化ツールが活用されることが多いです。

　ゲームはグラフィカルな要素が多く、内部構造を取得して要素を直接指定することは容易ではありません。また、セキュリティ対策としてゲームデータが難読化されるため、そもそも内部構造の情報を取得すること自体が困難なことも多いです。

> **Note**
> 　ゲームデータを難読化しないとデータ解析ができてしまい、そこから改ざんやチートにつながってしまいます。そのため、ゲームでは難読化は必須となっています。

自動テストスクリプト実行

　自動テストスクリプトが作成できたら、実際に自動テストを動かしていきます。実運用に近い環境で自動テストを実行し、予期せぬエラーが起きないかを確認していきます。エラーが起きた場合、その都度自動テストスクリプトに修正をかけて、自動テストが最後まで完走するようにしていきます。

　エラーが出ずに完走できる状態になったら、実際のテストでも活用をしていきます。

自動テスト結果分析

　最後に、自動テストの実行結果を確認します。自動テストを実行したらそれで終わりではなく、ログの確認などによりテスト結果を記録していきます。

　もし自動テストの中で動作異常が起きた場合、人の手によりログを調べたりして、何が起きたのかを確認していく必要があります。テスト自動化の取り組みが小規模であればまだよいのですが、テスト自動化の取り組みが拡大し、自動テストで1日数十件の異常が出てしまうと、実行結果の確認にも大きなコストがかかってしまいます。そのような場合、実行結果の確認の負担が少しでも軽減するように、自動テストの仕組みや確認方法の改善なども行う必要が出てきます。

Play to Earn

　ブロックチェーンゲームやNFTゲームが登場したことで、ゲームプレイの考え方の1つに「Play to Earn」というものが生まれました。「Play to Earn」は「稼ぐために遊ぶ」といった考え方であり、勝つために課金するPlay to Winや、楽しむために課金するPlay to Funとは一線を画した考え方といえます。

　稼ぐ方法としては、ゲームをプレイして報酬を獲得する、NFTアイテムを販売するといった方法があります。

7-4 テスト自動化の具体例

　ゲームのテスト自動化には、大きく分けて2つのアプローチがあります。

アプローチ①：開発の一部としてゲーム自体に自動化機能を実装する

　このケースでは、ゲーム本体のソースコードに手を加えたり、ゲーム本体とは別にデバッグ機能を開発したりと、ゲームに自動化のデバッグ機能を組み込むことになります。

　テスト用のバイナリデータには、テストをサポートするデバッグ機能が実装されているケースが多く、例としては以下のようなものが挙げられます。

- レベルMAX
- 所持金MAX
- 所持アイテム変更
- ステージセレクト
- プレイヤー無敵
- イベントフラグ操作

　こういったデバッグ機能の一環として、キャプチャ＆リプレイ機能というものを実装することがあります。

　キャプチャ＆リプレイとは、プレイヤーの操作を記録（キャプチャ）し、再生（リプレイ）する機能です。一定時間過去にさかのぼってプレイを

再現できるため、特に、状況再現が難しいバグの再現検証や原因調査に対し、非常に効果的です。

　また、このキャプチャ＆リプレイデータをサーバーに大量に保存しておくことで、テストの都度、状況にマッチするキャプチャ＆リプレイデータをサーバーから呼び出して自動テストを行うといったケースもあります。

　ただし、これはゲームのシステム内部からのアプローチであり、デバッグ機能の作成にはプログラミングスキルが必須です。デバッグ機能が完成すれば非エンジニアのテスターでも自動テストが行える可能性はありますが、そこまでのハードルは少し高めです。

🌑 アプローチ②：ユーザーと同じ条件でテスト自動化

　先ほどのアプローチはゲーム内部からのものでしたが、こちらはゲーム外部からのアプローチです。ソースコードに手を加えたり、デバッグ機能を作成したりはせず、ユーザーがゲームをプレイするのと同じ環境下で自動化を実現していきます。

　Web系のテスト自動化の場合、HTMLからWebサイトの構造や要素を読み取り、要素に対して操作を指定して自動化を実現していますが、ゲームはセキュリティ対策で難読化処理が施されているため、ゲーム内部の構造・要素を読み取ることができません。

　そこで、ゲームでは画像認識の技術を活用して自動化を実現していきます。「ある画像がゲーム画面に存在したら、ある操作を行う」というように、ゲーム画面上の画像を指定して、その画像に対応した操作を指定していきます。

　画像認識を活用したテスト自動化ツールはいくつかありますが、本書ではOSS（Open Source Software）のテスト自動化ツールであるAirtestについて紹介しておきましょう。

　Airtestは中国のNetEase社が開発、提供している画像認識を用いた自

動テストツールであり、主にモバイルゲーム開発で活用されています。

　Airtestで使用する言語はPythonです。利用に際し、多少のPythonスキルは必要ですが、ゼロから複雑なコードが書けるくらいのレベルが必須かというと、そんなことはありません。

　Airtestには「Airtest Assistant」という機能があり、タッチ操作やスワイプ操作、待機、文字入力など、スマホを操作するうえで行われる操作、行動がコマンドとして登録されており、それらのコマンドを選択するだけでPythonコードが記述されます。

※ **Airtest Project（https://airtest.netease.com/）**

　Airtest上にはスマホ実機の画面がミラーリングされ、それを使ってゲーム画面の画像認識を行います。例えば、［OK］ボタンをタップさせたいときは、Airtest上のミラーリング画面で［OK］ボタンを指定して「touch」コマンドを指定すると、「［OK］ボタンをタッチする」という自動操作ができあがります。

　このように、Airtestを活用すると、簡単にテスト自動化を実現することができます。

7-5 テスト自動化の効果

　テストを自動化する際、目的にあわせたスクリプトを作成していきますが、このスクリプト作成には一定の工数がかかります。とはいえスクリプトは一度作成してしまえば、あとは定期的なメンテナンスだけになるので、中長期でその効果を考えていく必要があります。

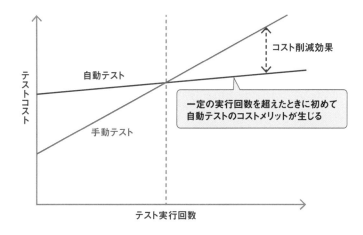

　テスト自動化の効果はコスト削減だけではなく、テスト期間の短縮も期待できます。機械は疲れ知らずのため、24時間稼働させることができます。人間が眠っている間に機械がテストをしてくれれば、時間を有効に活用することができるため、テスト期間の短縮につながります。

　テストの工数と期間、そして定量的な面での効果以外に、テスト品質の安定化という定性的な効果も見込めます。

　人間がテストを行う場合、同じテストを実施したとしても、ベテラン
テスターと新人テスターではバグ検出やテストスピード、テストの正確
性などさまざまな面で違いが出てきます。しかし機械がテストを行う場
合は常に一定の成果を出すことができるため、誰が機械を操作しようと
もその差は出なくなります。

　経験を積んだベテランテスターが永続的に参加していればよいですが、
配置換えや退職などもあって現実的には難しく、定期的に要員の交代が
発生します。要員交代時、タイトルの知識やテスト経験などからテスト
品質が一時的に下がり、交代した要員によっては要員交代前の水準に戻
らないこともあります。一方、テスト自動化を活用すれば、個人個人に
よるテスト品質の差異を軽減し、テスト全体の安定化につなげることが
できます。

テスト自動化のポイント

　テスト自動化によってコスト削減の効果を狙うことはできますが、そ
れには自動化する際のイニシャルコストと、作成した自動テストを運用、
メンテナンスするためのランニングコストがかかります。

　また、一度テスト自動化したらそれで終わりではありません。テスト
対象の機能に変更が入り、これまで動いていた自動テストが動かなくなっ
てしまうことも出てくるでしょう。そのような場合は、自動テストスク
リプトをメンテナンスし、最新のテスト対象でも自動テストが動くよう
にしなくてはなりません。

　一般的に、自動化できるテストの割合は、全体の30%程度といわれて
います。仮に30%分自動化できたとして、その30%分のコストを削減し
たままでは、品質的にはよくても現状維持となるでしょう。しかし、
30%分の浮いたコストを別のテスト活動に割り当てることで、トータル
コストは変わらずに品質向上が見込めます。言い換えれば、生産性が
30%向上した、となるわけです。

　テスト自動化では、コストの削減ばかりに目が向きすぎると痛い目を

見ることがあります。コスト削減よりもスピード感や生産性向上に重き
を置いて取り組むほうがよいでしょう。

　現代はさまざまなビジネスのスピードが上がっており、スマホゲーム
もその中の1つだといえます。いかに早くユーザーの意見や要望を分析
し、それをゲームに実装するかはスマホゲーム運営で大事な要素の1つで
すが、テスト自動化を活用することでテストもスピード感を持って実行
することができるようになります。

7-6 ゲームテストへの AIの活用

　昨今、さまざまな分野でAI（人工知能）の活用が話題になっています。もちろんゲームのテストにおいてもAI活用の研究開発が行われていますが、AIの研究開発には多額のコストがかかり、またすぐに成果の出るものではないため取り組んでいる組織は少なく、それゆえまだ実用化には至っていません。

強いAIと弱いAI

　AIの利用といえば、チャットによる会話や、大量のデータを学習させて自動で何かを生成させたり、大量のデータを分析させたりといったことがイメージされるでしょう。そのように、現在のAIは何かに特化した特化型AIや、プログラムに従って動く弱いAIと呼ばれるものがほとんどです。

　一方、ゲームをプレイしているユーザーは人間であり、この人間の思考や操作をAIに置き換える必要があるため、ゲームテストでは自律的に行動してくれる強いAIが求められます。

強いAI

感情・意志を持って自分から
動くロボットを作れる技術

弱いAI

感情・意志を持って自分から動く
ロボットを作れる技術の一要素的な技術

音声認識　　画像認識　　ゲーム

しかし、汎用的な「強いAI」の実現はまだ技術的に難しく、ゲームのテストにおいても特化型AIや「弱いAI」の活用が研究されています。特化型AIの例としては、ゲームのクリアチェックや、当たり判定のチェックなどがわかりやすいかもしれません。

　ゲームをクリアするまでには、特定の場所に行ったり特定のイベントをクリアしたりすることになります。そうしたゲームクリアまでの一連の行動をAIに学習させ、AIがゲームクリアまでの道のりを認識することで自律的にゲームを進めていくことができれば、クリアチェックを行うことができるでしょう。

　当たり判定のチェックについても同様です。壁や障害物などをAIに学習させておき、ひたすらそれらにぶつかるように学習させていくことで実現できます。オープンフィールドのゲームも増えてきましたが、広大なマップやオブジェクトを人の手でチェックしていくのはかなり工数がかかるため、そこにこのようなAIを活用することで、より効率的なチェックが行えるのではないかと期待されています。

　しかし、当たり判定のチェックにもテクニックが求められます。先に述べたように、ただ壁に正面から当たっていくだけではなく、壁と壁のつなぎ目を狙ったり、ジャンプや特殊移動を繰り返したりなど、さまざまな形での確認が必要になります。AIにはまだこれらの行動は難しく、AIだけにすべてを任せるというよりは、AIにチェックをさせて一通りの基本的なバグを検出したあと、人間による職人技で最終チェックをするような形で分担することが、効率的かつ品質担保につながるのではと考えられます。

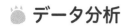

データ分析

　AIはデータ分析が得意であり、AIによるデータ分析を取り入れた事業を展開する企業も増えてきていますが、ゲームテストでの活用はどうなっているのでしょうか？

　こちらもプレイヤーのAI化と同じく、現場ではほとんど活用されていません。ゲームテストはもとよりゲーム業界自体がまだまだアナログな側面が強く、データ分析やデータ活用という文化がまだあまり根付いていないのがその理由です。

　CEDECというゲーム開発カンファレンスにおいて、毎年いくつかAI活用に関するセッションがあります。しかし、いずれもゲームデザインやキャラクターなどのAIに関する内容であり、テストや品質に関してのAIのセッションはほぼありません。しかし、テスト自動化に関するセッションは毎年あり、年々活発になってきています。

　ゲームのテストでテスト自動化に取り組んでいる組織は、ゲーム業界でもまだ一部に限られ、ゲーム業界全体にテスト自動化が浸透するにはまだ時間がかかります。AIというと夢を見てしまいがちですが、テスト自動化の技術をより高めていくことがゲームテストでのAI活用につながってくる可能性が高いのではと、筆者は感じています。

第 8 章

未経験から始める
ゲームテスター

業種問わず、テスターの仕事は未経験でも比較的始めやすく、特にその中でもゲームテスターはハードルが低いといえるでしょう。実際、ゲームテスターの採用者はテストやIT業界の未経験者の割合が大きく、特にテスト専門会社ではおよそ7割が未経験者採用となっています。

　また、このように未経験者の採用に積極的で採用人数も多いこともありますが、この仕事を長期的に継続する割合が高くないために経験者層が少なくなり、経験者採用の割合が低めになっているという事情もあります。

　途中でテストの仕事から離れてしまうのはさまざまな理由がありますが、作業がバグ出し中心となってしまうデバッガーのイメージが強いため、将来的にキャリアアップや収入などの面で不安を感じ、離れていくケースが多いように感じられます。

　本章では、ゲーム業界でのテストの仕事に興味を持ったはいいものの、どうやってテスターの仕事を見つければよいのか、採用されるにはどうしたらよいのか、さらにキャリアアップや将来性についても解説していきます。

8-1 新卒・中途採用

新卒採用

　現在社会人の方であれば、ご自身の就職活動の中でさまざまな企業や職種の求人を見てきたはずですが、その中にゲームのテスターの求人は見かけたことはありますか？

　おそらく、プログラマーやデザイナーなどクリエイティブ系職種の新卒求人は見かけたことがあっても、ゲームのテストに関する新卒求人は見かけたことはないのではないでしょうか。

　実際、ゲーム業界でテストの職種で新卒採用を行っている企業はほとんどありません。筆者の知る限り、一部のテスト専門会社で行われている程度です。

そのように数少ないゲームテスターの新卒求人ですが、その雇用形態として、正社員ではなく契約社員として採用しているケースも多く見られます。その主な理由は以下のとおりです。

- ゲーム業界には個性的な人が多く、会社の風土に合わない人は早期退職しやすいため
- テストの仕事は合う／合わないが顕著に出やすく、合わない人は早期退職しやすいため
- 元々志望していた職種への思いが捨てきれず、再チャレンジする人が一定数いるため

これらに共通する懸念点は、早期退職です。入社後に会社や仕事内容へのミスマッチが起きた際に、雇用期間の定めのある契約社員であれば契約期間満了のタイミングでの退職や転職が可能です。社員本人は就職のやり直しができ、企業側は教育・育成コストが抑えられるでしょう。しかし企業としては基本的には長期的に就業してほしいため、モチベーションが低かったり退職リスクがあったりする人を早期に検知し、コストのかけどころを見極めることが重要になってきます。

中途採用

新卒の就職活動を終えたあとにゲーム業界のテストの仕事に興味を持つ場合もあるでしょう。中途採用については経験者採用が中心となり、未経験での社員採用はほとんど行われていません。こちらも筆者の知る限り一部のテスト専門会社で行われている程度です。

ゲーム会社でもテスト専門会社でも、未経験者はほとんどの場合アルバイト採用となります。アルバイトといっても週5日勤務のフルタイムではなく、仕事があるときに声がかかる登録制の形を取っている場合が多いです。

というのも、ゲームテストの現場ではプロジェクトの規模や開発状況

などによりテスターの人数の増減が非常に激しいためです。全員をフルタイムでの採用にしてしまうとピークが過ぎて人手がいらなくなっても雇用し続けなければならないため、企業側としては大きな負担になってしまうのです。

　そのため、一定数はフルタイムの固定的な人員を確保しつつ、人員の増減に対応できるように登録制のアルバイトを大量に採用する形を取らざるを得ないのです。

　最初は登録制アルバイトとして勤務し、「バグを多く見つける」「作業スピードが速い」「作業が正確」などといった評価を得ていくことで、フルタイム勤務へと切り替わっていきます。そしてフルタイムになったあともさらに評価を重ねていくと、新人テスターの世話を任されたりテストリーダーの作業の一部を任されたりしながら、テストリーダーへのステップを上がっていきます。

　いよいよテストリーダーになれば社員登用される、と思うかもしれません。しかし、テストリーダーでもアルバイトのままであるケースは意外と多く見られます。これはその会社の方針によってしまうのですが、組織を運営管理する役割の人だけが社員のケースもあれば、テスター以外の役割になったら社員に登用するケースもあります。

　ゲーム開発を行う部署やチームは、直接部門、つまりその活動が直接売り上げに影響する部門ですが、テスト組織は間接部門であり、その活動が売り上げに間接的に影響することになります。一般的な企業では、間接部門はコストを抑えられがちであり、会社によってはそのように「社員にしたくてもできない」といった事情もあります。

経験者の中途採用

　ここまでは未経験の場合を見てきましたが、経験者の中途採用は一体どうなっているのでしょうか？

　経験者の中途採用であっても、テスターはアルバイト採用であることが多く、テスト設計やテストリーダーなどの役割の場合に初めて社員採

用としている企業が多いようです。

　テスターの中途採用の場合、職務経歴が登録制アルバイトだったのか常勤のフルタイムのアルバイトだったのかが見られるポイントとなりがちです。また、同時に就業期間や経験年数もチェックされます。

　ある程度経験を積んでスキルが身についてくると、大抵の場合は登録制アルバイトからフルタイムに切り替わります。そのため、一定以上の経験年数があっても登録制アルバイトのままだった場合、実務力に疑問を持たれてしまうことになりかねません。

　フルタイム勤務だったとしても、10年近くもフルタイムのアルバイトでテスターだった場合は、今度は将来性に疑問を持たれてしまうことでしょう。

　ただ、アルバイトから社員登用へのハードルが高い企業も存在するため、一概に本人だけの問題と決めつけることはできません。そういった理由もあり、採用企業側の多くは「アルバイトのままだった」理由が本人の問題なのか組織の影響なのかを注意して確認してくれます。そのため、仮に組織側の影響だったのであれば、しっかりと説明ができればマイナスになることはないでしょう。

ゲーム業界以外の「テスター」

　余談ですが、ゲーム業界からゲーム以外の業種に転職する場合、「テスター」という役割だけで見たら年収は大きく上がる可能性があります。しかし、求められる「テスター」の知識や技術は、ゲーム業界とは比べ物にならないほど高いケースもあります。

　例えば、ソフトウェアテストを理解していること、SQL（データベースを操作するためのクエリ言語）が扱えること、何かしらのプログラミング経験があること、などといった具合です。ゲームはエンタメ系コンテンツのため、ゲーム自体にバグがあっても社会的影響は軽微といえるのですが、ゲーム以外のソフトウェアでは、場合によってはそのバグが直接お金にかかわったり人の生死に影響したりするなど、社会的影響が非常に大きくなるものもあるためです。

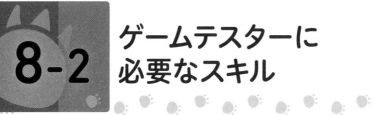

8-2 ゲームテスターに必要なスキル

　ここからは、未経験からテストを始めるにあたって、必要となるスキルを見ていきます。

　よく「プログラムがわからないとダメ」と思われることもありますが、実際にはそんなことはありません。プログラムをわかっていることでゲームや機能の仕組みのイメージが付き、その仕組みをついたテストはできますが、プログラム自体は必須ではありません。

　また、ゲームがうまくないといけなかったり、ゲームのことに詳しくないといけなかったり、といったこともありません。テストをするうえでゲームのうまさも多少はかかわってきますが、プレイヤーを無敵にするなどのデバッグ機能を使うことでカバーできたり、ゲームがうまい人／うまくない人それぞれで操作や行動が変わったりするため、どちらの観点でのテストも必要になるのです。

　とはいっても、人生の中で一度もゲームをしたことがない人だと少し厳しいかもしれません。しかし、ゲーム業界でテストの仕事に興味を持つような人であれば、「ゲームをまったく遊んだことがない」という人はまれでしょう。

　ソフトウェアテストの知識はどうでしょうか。テスター未経験者は、当然テストのことを知らないはずです。そして、ソフトウェアテストの知識も、最初からあるはずもありません。つまり、経験やスキルの面でいうと正直必要なものはないといえるのです。未経験者採用の場合は、技術的な面よりも人間性や会社風土に合うかといった部分を重視しており、入社後の研修やOJTを通して経験やスキルを身につけてもらおうと考えている組織がほとんどです。

「気づき」が大事

　テストの仕事をするうえで最も大事といえるものは「気づき」です。ちょっとした違和感を持ったり異常を感じたりすることは、直感的ではありますが、意外と本当にバグが見つかったりすることもあり、その直感が正しいことも多々あります。

　「気づき」は「注意力」や「観察力」ともいえるでしょうか。「違和感を持った」「いつもと違う」といった直感から始まり、その部分をさらに注意深く深掘りして異常がないか確認をしていくことで、バグの発見につながっていきます。

RTAプレイ

　ゲームプレイのスタイルの1つにRTA（Real Time Attack）というものがあります。RTAは「いかに短い時間でクリアできるか」に焦点をあてたプレイスタイルであり、YouTubeなどの動画投稿サービスでもさまざまなゲームでRTA動画が投稿されています。RTAが活発なゲームは、売上本数やDL数が増えたりすることもあるほどです。

　限界を極めたそのプレイは1フレーム単位での判断や入力を行うこともありますが、RTAがうまいからといってバグ出しがうまいとは限りません。

　フレーム単位の操作や行動によって、他のテスターが見つけられないようなバグを見つけられる可能性はありますが、それがイコールテスターとして優秀とはいえないのです。

　フレーム単位の操作・行動によって出るバグは特殊性が高いものの、バグが発生するタイミングがシビアであり、ユーザーが遭遇する確率は低いと考えられます。ユーザーが遭遇する可能性が低いのであれば、むやみにプログラムを変更せずに、「バグを修正しない」という判断が取られることもあります。

　また、そもそもRTAではバグを見つけようという観点でプレイしてい

るわけではなく、そのプレイスタイルがバグ探しの観点に直結していません。ただ、RTAをしていることでゲームの仕組みに詳しくなり、それがバグ探しに活きることはあるかもしれません。

　なお、RTA in Japanという、RTAプレイヤーが一堂に会してそれぞれの持ちゲームを代わる代わるRTAとしてプレイする大規模なイベントも開催されています。興味がある方は参加・観戦してみるのもよいでしょう。

8-3 ゲームテスターの収入

ここからは、ゲームテスターの収入面について述べていきます。

🐾 一般アルバイトの場合

　ゲームテスターの多くはアルバイトからスタートするため、まず見ていくのはアルバイトの時給です。これは地域によって変動する部分もありますが、テスターの場合は都道府県が定めている最低時給に近い金額であることが多いです。

　2022年10月現在、東京都の最低時給は1,072円です。そのため、仮に1日8時間、週5日フルタイムで働いたとすると、1カ月の給料は以下のような金額になります。なお、交通費は全額支給となるケースが多いです。

● 時給1,072円　×　8時間　×　20日　＝　171,520円

　ここから税金や保険料が引かれるため、手取りとしては月15万円程度でしょうか。一人暮らしにかかる生活費が15万円程度といわれることもありますし、この給料だとかなり切り詰めないと一人暮らしは厳しそうです。

　テスターをしている人にはゲーム、アニメ、漫画などが趣味の人も多く、実家暮らしをしながら生活費を節約し、趣味にお金を使いたいと考える人もかなりいるようです。

🤖 テストリーダーの場合

　次に、テスターがテストリーダーになるとどう変わるのでしょうか？

　テストリーダーになると少なくともベースの時給が100円は上がります。テストリーダーで同じように給料を計算してみると、以下のようになります。

- 時給1,172円　×　8時間　×　20日　＝　187,520円

　こちらも手取りで考えた場合、月16万円程度でしょうか。一人暮らしできる収入ラインではあるものの、趣味にお金を使うことを考えると家賃を抑えたり食費を抑えたりといった工夫が必要そうです。

　こうしてテストリーダーの給料を年収換算すると、約225万円となります。この年収だと、一人暮らしはできたとしても結婚や子どもを考えるには正直厳しい金額であることは否めません。

　実際テスターとして働いている人の中には、将来的にキャリアアップや給料が上がるイメージがわかず、他の仕事に切り替える人も多くいます。

🤖 社員採用と昇格・昇給

　テスト未経験者を正社員や契約社員で採用する企業は多くはないですが、未経験者を社員採用する際の給料は18万円程度になります。テストリーダーと同程度の給料でアルバイトより雇用も安定している点を考えると、かなりよい条件ではないでしょうか。

　さらに、ここから経験を積み、仕事で成果を出していくと昇格、昇給が行われます。昇格、昇給はその会社の規定にのっとって行われますが、何かしら、その人の役割が増えたり変わったりする際に大きくアップするケースが多いでしょう。

　その反面、ずっとバグ出しだけをやっているような人はなかなか昇格、

昇給はしません。

　その理由は2つ挙げられます。1つ目は、企業側としてはビジネスへの貢献度の高い役割に高い報酬（給料）を支払いたいと考えているのに対し、テスターという役割ではビジネスへの貢献度が他の役割よりも高くないためです。

　もう1つは、同じことを続けていてもスキル向上につながらないという点にあります。テスターを続けて経験値が増えることで、確かに作業の質は少しずつ上がっていきますが、「新しく得た知識は何か」「新しく得た技術は何か」と問われると、なかなか明確には出てこないはずです。

　なお、一般的な昇格、昇給のポイントは以下のような点とされています。

- より高度な知識を得たか
- より高度な技術を習得したか
- できる業務が広がったか
- 質の高い業務ができるようになったか
- 個人だけではなく、チームや組織に何らかの貢献ができたか
- 売り上げや利益拡大など、会社のビジネスに貢献したか

　テスターだからといって昇格、昇給がないわけではなく、このようなポイントを意識して活動できれば、十分チャンスはあるといえます。

　例えば、以下のような活動が挙げられます。

- バグレポートの内容に対してテストリーダーからの指摘を受けないようにする
- テストの状況やゲームの完成度など現場の情報を能動的にテストリーダーに伝える
- 新人テスターの指導
- 他テスターのバグレポートの添削

- テストリーダーとテスターの間で指示や情報などの橋渡し

　まずはテスター業務の質を高め、行っている作業に対してテストリーダーからの指摘を受けないようにしていくことが重要です。そうすることでテストリーダーからの信頼を獲得することができ、他の活動につながっていくのです。

　テストリーダーからの信頼を獲得してくると、徐々にテスターの中での中心的な存在になっていき、テストリーダーとテスターの橋渡しのような役割を任せられるようになります。こういった活動をしていくことで、昇格や昇給につながっていく、というわけです。

🐾 テストリーダーやテスト設計者の場合

　テスターの給料は18万円〜22万円程度、年収にすると216万円〜264万円程度ですが、テスターのままだとそれ以上の年収は望みにくくなります。

　それでは、テスター以外のテスト管理を担当するテストリーダーや、テスト設計を担当するテスト設計者といった役割ではどうなるでしょうか？

　企業によって差はありますが、どちらも20万円〜35万円（年収240万円〜420万円）程度が給料レンジとされます。テスターと比べると幅が広くなっていますが、これはテストリーダーやテスト設計者としての経験値や作業の質、技術レベル、対応できるプロジェクト規模などが影響してくるためです。

　未経験から始めて、頑張ってテスターとして評価を獲得し、テストリーダーやテスト設計者になってその役割で少し経験を積んで一人立ちできる程度になってくると、年収300万円程度になります。

　年収300万円になってくると一人暮らしも十分可能ですし、趣味に使えるお金も増えたり結婚が視野に入ったりしてくる生活レベルだといえるでしょう。

さらにその先のテストマネージャーになってくると、給料レンジは30万円〜50万円（年収360万円〜600万円）になります。所属する企業がパブリッシャーかデベロッパーかなどで給料水準は少し変わってきますが、他の業種・業界と比較しても大きく低いということはないでしょう。

テスターのままであれば将来の不安を感じるかもしれませんが、少し頑張ってテストリーダーやテスト設計者になることで、人生プランも考えられるようになっていきます。スキルゼロからゲーム業界で働き、こうしたテストの仕事をしながら、さまざまなライフイベントを楽しむことも決して夢ではないのです。

会社の立ち位置に応じた給与水準

給与の水準は、パブリッシャー、デベロッパー、テスト専門会社などその会社の立ち位置によって変わってきます。

パブリッシャーは、自分たちで開発したゲームを自分たちでリリース・運営しています。そのためパブリッシャーは利益率が高く、給料水準も高い傾向にあります。

ただし、パブリッシャーでテストに従事する際の注意点が1つあります。今現在の給料と、自身の経験・スキルの市場価値が合わなくなっていくことがあるのです。これは、「儲かっているから還元しよう」と企業側が昇給したり賞与を出したりすることで、実力以上の報酬を得てしまうような場合です。

もし広く市場全体で見たときの市場価値よりも高い給料をもらっている場合、転職する際に給料アップは難しくなり、むしろ給料を維持できればよいほうでしょう。

デベロッパーはパブリッシャーから、テスト専門会社はパブリッシャーやデベロッパーから仕事をもらう形になるため、デベロッパーやテスト専門会社は二次請け、三次請けになりやすく、パブリッシャーと比較してしまうと給料水準は高いとはいえなくなります。

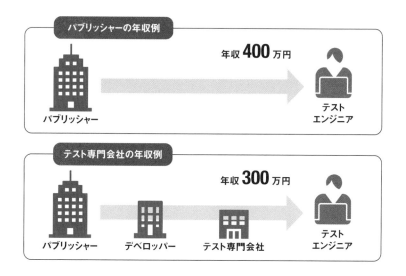

　ただ、これらの会社はさまざまな企業・プロジェクトとかかわるため、パブリッシャーでは得られないような幅広い経験を積んだり、幅広い技術を習得したりすることが可能です。

　いずれの企業で働いたとしても、同じことを同じようにこなしているだけでは昇格・昇給は期待できません。常に新しいことにチャレンジを続けていくことで、知識を得て技術が身につきます。そうして自身の価値が高くなることが、昇格・昇給につながっていくのです。

8-4 未経験で採用されるポイント

　先に述べたように、テスターの未経験採用では、ゲーム開発経験がないとダメ、プログラミングがわからないとダメといったことはなく、基本的には必須となる経験や技術、知識はないといえます。

　そこで、採用面接で重視されるポイントと考えられるのは、人柄や人間性、考え方といった部分です。

- 失礼のないマナーや言葉使いができているか
- 受け答えがはっきりできているか
- 身だしなみが整っているか
- 前向きさやチャレンジ精神を感じられるか
- 向上心を持っているか
- 協調性があるか

　まず、一社会人として必要な部分が備わっているかがチェックされます。同じ会社の他部署の人や外部の会社の人とかかわる可能性があるため、社会人としての礼儀作法が最低限度できる必要があります。特にテスト専門会社では、パブリッシャーやデベロッパーなどの顧客先に常駐しての仕事もあるため、身だしなみも含めて相手に不快感を与えないかが重視されます。

　テスターの仕事は知識ゼロ、技術ゼロといったラインからスタートできる分、入社後にどれだけ頑張れるかもポイントになってきます。そもそもゲーム開発は事前の計画や想定どおり進むことは少なく、臨機応変な対応が求められるため、知識や経験がないことが起きても、それに対して立ち向かっていかなくてはならないことがあります。

その際に「経験がないからできない」といって仕事を断ってしまうと、新しい仕事が任せられなくなっていき、また自身の成長の機会も失われてしまいます。「どうすればできるか？」「どこまでだったらできるか？」と前向きに考え、チャレンジしていく姿勢が大事です。

　前向きさやチャレンジ精神とあわせて、学び続ける向上心も大切です。
　仕事の経験を積んでいくのも大事ですが、経験だけでは考え方や活動の根拠とはなりづらく、自身の考え方や活動の適切さを示すことができません。
　本書でも紹介した、ゲームを含めたソフトウェアに対するテストの考え方や技術であるソフトウェアテストも学ぶべき知識の1つです。ソフトウェアテストを初めとしたさまざまな体系的な知識を持っていることで、自身の考え方や活動の根拠となり、相手にその適切さを伝えることができるようになります。
　さらに、そうして得た知識も、実践を通して活用していく必要があります。「知識だけ」や「経験だけ」にならず、その両方を持ち合わせていることで高い成長を期待することができるのです。

成長・キャリアアップしやすい人

　よく、上司に気に入られないと昇格・昇給できないという話が出たりしますが、気に入られたから昇格・昇給したというよりも、本人が努力をして成長した結果として昇格・昇給があり、その頑張っている姿を見て気に入られたという形が曲解されてしまったのだと思います。
　筆者が20年程度テストの現場を見てきた中で、素直な人はものごとの吸収力が高く、着実な成長を遂げていました。コミュニケーション能力は素直さを加速させる要素ではありますが、そういった能力が低くてもしっかり成長し評価されている人もいます。

8-5　教育

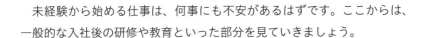

　未経験から始める仕事は、何事にも不安があるはずです。ここからは、一般的な入社後の研修や教育といった部分を見ていきましょう。

入社時の研修

　まず気になるのは入社時の研修でしょう。

　ほとんどの企業で、入社時に会社のことを知るための研修が行われています。しかし、テストや実務的な部分になると、研修を行っている企業もあれば、行っていない企業もあります。特に実務に関しては、研修というよりもOJT（On the Job Training）という形で行っている企業が多いようです。

　入社時の研修の内容で多いのは、企業や組織、チームに関する内容やポータブルスキルに関する内容です。

　前者は事業の説明、組織体制の説明、社内規定やルールの説明、組織の理念や考え方などの説明が中心になります。後者のポータブルスキルは、コミュニケーション能力、論理的思考などを学ぶ研修が行われることが多くなっています。

> **Note**
>
> 　ポータブルスキルとは、「業種や職種が変わっても持ち運び可能な能力」と定義されています。対人スキルやマネジメントスキルなどがこれにあたり、社会人として仕事をしていくうえでのビジネススキルともいえます。

入社時研修の期間は2〜3日程度の企業が多く、短い場合は1日だけで終了というケースもあります。ただ、登録制アルバイトで採用された場合、入社時研修は短い傾向にあり、簡単な会社説明だけを行って数時間で研修終了となることもあります。

登録制アルバイトという、中長期的な就業の見通しが立ちにくく大量な人員に対して研修を行うのは、企業側からすると研修の費用対効果を得られにくくなるため、研修の短縮化をせざるを得なくなってしまうのです。

継続的な研修・教育

入社時研修を終えて現場実務に入ったあとはOJTとなり、テストリーダーや先輩テスターから実務のやり方を教わります。

このOJTは体系化されたものではなく、教える人によって教える内容や順番が変わってきてしまいます。テスターという同じ役割だったとしても、教える人によってOJTの結果に差が出てきてしまうのです。

プロジェクトによってやることややり方が大きく異なることもあり、教える内容や教え方まで整えている組織が少ないためこういったことが起きてしまいます。

OJT以外の研修については、定期的・継続的な研修を行っている組織は残念ながら多くはありません。多くの場合、実務現場での育成に頼っているのが現実です。

その理由としてはいくつか考えられますが、まずは企業としてその役割に求めるスキル定義がされていないことが挙げられます。これがないために必要な研修も用意されず、例えば、「現場でテストケースの作成が何となくできたらテスト設計者と見なされる」といった具合になってしまいます。このように企業としてスキル定義がないことによって、テスト設計者のレベルは大きくバラついてしまい、場合によっては給料への不満といったトラブルにも直結してしまいます。

　他にも、教育専任者を置くことが難しい、といった体制面での課題を抱えていることも挙げられます。

　採用する頻度や人数によっては、教育専任者を置いてしまうとコスト圧迫になってしまう可能性があります。その場合、何らかの業務と教育担当を兼任することになりますが、片手間での作業となると十分な内容を用意することができなくなってしまいます。

　企業やプロジェクトの利益にもかかわる部分になり、コストと体制（質）とについてどのようにバランスを取るのかは非常に難しいところです。現実的には、やるべきことに対して優先度を付けて、優先度の高い教育について対応、整備をしていくのがよいでしょう。

社内勉強会

　研修とは別に、有志による勉強会が開催されるケースがあります。研修は、特定の職務をまっとうするために必要な技能を身につけることを目的として企業側から行われますが、勉強会は社員が中心となって、自主的に、自己の学びを得て成長につなげるために行われます。

　勉強会の内容やテーマはさまざまですが、例えば以下のようなものが挙げられます。

- プログラミング
- JSTQBなどの資格試験対策
- プロジェクトごとの取り組みの共有
- ベテランメンバーや有識者を集めてのパネルディスカッション
- テスト技法
- テスト自動化

　勉強会に参加することが現在抱えている業務に直接的に影響することは決して多くはありません。しかしその場でしか聞けない貴重な話も多

いため、中長期的に見ると、勉強会に積極的に参加していくことは間違いなく自身の成長につながります。

　勉強会に参加することにより、自分が知らなかった知識や情報を得ることができます。業務に直接的に影響がなかったとしても、その未知だった知識や情報を得られ、新しいアイデアや作業方法などが生まれたり、より広い視野でものごとを見られるようになったりと、間接的には必ずよい効果が出るはずです。

第 9 章

ゲームテスターの
キャリア

第6章で述べたように、テストプロセスの工程ごとに担当する役割が異なります。テストプロセスの最下流であるテスターからキャリアが始まり、上流工程にシフトしていくことでキャリアアップしていくことになります。

　本章では、そんなゲームテスターのキャリアパスに沿って、テストリーダーやテストマネージャーなど、テスター以外のさまざまな役割について解説していきます。また、スペシャリストとも呼べるいくつかの特殊な役割についても少し触れることにしましょう。

キャリアパス

　ゲーム業界でもゲーム以外の業界でも、テストにかかわる仕事をしている人は、テスターがキャリアの起点になることがほとんどです。

　テスターから始めて、テストの知識や経験、技術を身につけていきます。テスター以降のキャリアパスは、一般的に次図のようになっています。

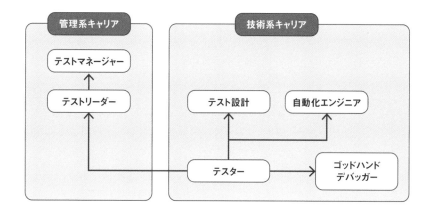

「技術系」「管理系」という2つのキャリア

　この図からわかるとおり、キャリアは大きく「技術系」と「管理系」の2つに分かれています。どういったキャリアを進むかは、自身の希望を軸に上長と相談しながら決めていくことになるでしょう。

技術系キャリア

　技術系のキャリアに進むためには、当然ながらテストに関する深い知識や技術を身につける必要があり、またテストの知見以外にもゲーム開発に関する知識が求められるケースもあります。ゲームの仕組みを知ることで、より効果的なテストにつながるためです。

管理系キャリア

　管理系のキャリアでは、テストの知識や技術はそこまで求められませんが、人やものごとを管理していくうえで必要不可欠となるポータブルスキルを高いレベルで身につけている必要があります。管理系の仕事では計画、調整、交渉といったスキルが求められるため、これらを身につけていかないと円滑なテストの管理や運営ができなくなってしまいます。

習熟度

　先ほどのキャリアパスの図を見ると、すぐに次の段階に進めそうなイメージを持つかもしれませんが、それぞれのキャリアの中には習熟度が存在します。

　未経験からテストの仕事を始めて、すぐにテストリーダーにチャレンジすることはできません。テストリーダーとなるには、テスターとして一定の習熟度が必要になり、この習熟度を上げていくには知識を得たり実務の経験を積んだりすることが欠かせません。

習熟度の段階は次の表のように分けることができます。

習熟度	内容
新人	研修や教育の段階にあり、ほとんど実務を行えない
見習い	上位者からの指導下にあり、指示を受けながら部分的に実務を行える
一人前	業務を習得しており、責任を持って業務を遂行できる
玄人	最適かつ円滑に業務を遂行でき、トラブルが起きても対処、改善ができる
達人	常に他者の手本となるような仕事ができる

　このうち、少なくとも一人前レベルにならないと、次のキャリアに進むのは難しいでしょう。必要な知識を得たらすぐ次のキャリアに進むという形では、教科書どおりのやり方しかできなくなったり、知識や理屈ばかりで行動が伴わない頭でっかちな人材になってしまったりする懸念があります。そのため実務経験も必要なのです。

9-2 テスター

テスターは、ゲーム業界では**デバッガー**と呼ばれることもあります。しかし、デバッガーとテスターの活動はそれぞれ似ていますが、ここまで何度も述べてきたように、本質的には違うものです。

- デバッガー：本来のデバッグの意味である「バグを探して見つけたバグを修正する活動」から、「バグを探す」部分だけに特化した役割。主に個人の経験やスキルに依存する
- テスター：ゲーム内の各機能が仕様どおり適切に動いているかを確認したり、バグが潜んでいないか探索したりする役割。主にソフトウェアテストの知識・技術を活用する

ゲーム業界ではいまだに、デバッガー（バグ出し）がメインというイメージも強いのですが、近年ではソフトウェアテストが浸透してきたため、テスターの活動が多くなってきています。

テスターの作業

テスターの作業としては、以下のようなものがあります。

- チェックリストに沿ったテスト
- テストケースに沿ったテスト
- フリーテスト（フリーデバッグ）
- バグレポートの作成
- 修正されたバグの修正確認

● バグ修正の影響が他の機能に出ていないかの確認

　第5章で述べたように、**テストケース**は、テストするための手順や、その結果どうなるのかという期待結果が記述されたものです。テスターはこのテストケースの内容に沿って機能の確認を進めていくのですが、テストケースに書いてあることだけを実行すればよいというわけでもありません。

　テストを進めていく中で、「こういうテストもしたほうがよいのでは？」「ここでこういうことをしたらどうなるだろう？」といった疑問点や好奇心が出てくることがありますが、疑問を解消したり好奇心を求めたりしていくことが、より質の高いテストにつながっていきます。

　テストリーダーの指示に従ってテストを進めることも大切ですが、気になったことを放っておくのもよくありません。また、「テストケースに記述されていないからやらない」というのも正しくなく、ゲームの品質を上げるために何をしていけばよいかを考え続けることが必要です。

フリーテスト

　一方、**フリーテスト**はバグがないかを探していく活動です。しかし、適当にゲームをプレイしていてもなかなかバグは見つかりません。バグを探索していくため、どういうことをしたらバグが出そうかを常に考える必要があるのです。

　バグが出そうな状況、状態、操作、条件などを見つけられるかどうかは、これまでにどういったバグを見聞きしてきたかに左右されることが多いのも事実です。

　とはいえ、1人で頭の中だけで考えていても限界があります。同じプロジェクトのメンバーとバグ情報を共有、交換したり、時には一緒になってバグ探しをしたりすることで、自分1人では思いもつかなかった発想が出てくることがあります。

　この取り組み方は、モブテストというテスト手法です。バグ探しにも有効な活動ですが、メンバー間でのナレッジやノウハウの共有にも非常

に有効であり、短時間でも成長が見込めるため、育成にも有効な取り組みです。

🍮 チャットツール

近年では業務に Slack や Chatwork などの**チャットツール**を活用することが一般化しており、コロナ禍の現在ではリモートワークのメンバーも多く、チャットツールで遠隔地のメンバーとの情報連携が行われることも多くなっています。

大規模なテスト組織では、チャットグループのメンバーが数十人にもなりますが、隣の席のメンバー同士もチャットで会話していることもあるなど、対面や口頭でのコミュニケーションの機会がかなり減ってきてしまっています。

元々、ゲームテストの仕事は個人で黙々と行うというイメージを持たれがちであり、チャットツールの活用がそれに拍車をかけていることは否めません。しかし実際には、ゲームテストの仕事はチームで行われるため、メンバー間のコミュニケーションが非常に重要です。

チャットツールがなかった頃

　筆者はまだチャットツールが一般化していない時代からテストの現場にいるのですが、そのときはテストリーダーとテスターとの間や、テスター同士でバグ情報の共有が頻繁に行われ、「どういうことをしたらバグが起きやすそうか」といったディスカッションも雑談交じりに行われていました。

　こういった取り組みは意識して行っていたというよりは自然発生的、日常的に行われており、バグ探索力の向上が日々行われていたように思います。

　現在はスマホゲームのイベント施策に代表される運営系のテストが多く、その際はテストケースを活用してテストを行います。

　イベント施策はある程度決まった型ができてくるため確認するポイントも固定化されやすく、またテストケースの活用が「その部分のテストだけにとどまってしまい、行間を読んだテスト活動が行われにくい」という弊害を生んでしまうこともあり、バグ探索力は昔に比べて下がっているようにも感じています。

9-3 テスト実行管理者

テスターとして経験を積み、一人前になってくると、他のテスターの管理を任されるようになります。この役割は一般的に**テスト実行管理者**や**デバッグリーダー**と呼ばれ、テスターと、後ほど紹介するテストリーダーの中間のポジションというイメージです。

「オフサイト」（遠隔地）「オンサイト」（現地）という活動場所を示す言葉があります。発注側の視点で見て、「オフサイト」は発注先の企業内で、「オンサイト」は発注企業に来てもらって活動することを表します。それぞれにはリーダー、つまりオフサイト（遠隔地）のリーダー、オンサイト（現地）のリーダーといった役割が存在することもありますが、これらも実務上の役割はテスト実行管理者と同じものになります。

テスト実行管理者の主な業務

テスト実行管理者の主な業務は以下のとおりです。

- 開発チームや顧客との窓口（連絡や報告など）
- テスターへの作業の割り振りおよび指示
- テスターの作業管理
- テスターからの質疑応答の対応
- バグレポートの添削

テスト実行管理者はテスト全体の管理を行うのではなく、その名のとおりテストの実行を管理する役割を持ちます。ソフトウェアテストにのっとった体制では、テスト実行管理者の上位者としてテストリーダーが存

在しますが、ゲーム業界の昔からの文化であるゲームデバッグの体制では、デバッグリーダー（テスト実行管理者）の上位者はいないことがほとんどです。

　ソフトウェアテストの体制でテストリーダーが存在する場合、テストの方針やテスト計画の策定、全体の管理やコントロールなどはテストリーダーが担いますが、ゲームデバッグの体制ではデバッグリーダーしか存在しないため、これらの活動がなされません。

　そうするとテスト組織の自立性が低くなってしまうため、ゲームデバッグの体制では開発チームや顧客のいうとおりにしか活動できないテスト組織になりがちです。こういったことから、ゲームデバッグは「御用聞き」のように呼ばれてしまうこともあります。

🐾 テスターとのコミュニケーションが重要

　テスト実行管理者は、テスターのテスト実行作業を管理する立場のため、基本的には自分自身でテストを行うことはありません。自分でテスト実行作業をしない分、テスターとのコミュニケーションが重要になります。

　作業の管理という面では、「始業時に作業指示を出したから終業時まで放置でいい」ということではいけません。テスターが与えられた指示を間違えて解釈して進めていないか、作業の進行に影響が出るようなことが発生していないかなどを定期的に確認する必要があります。

　作業状況の確認は、お昼休憩や小休憩の前後によく行われます。一定時間作業を行っており、かつ作業の区切りにあたるため、状況を確認するタイミングとしてちょうどよいポイントになるのです。

　ある程度の間隔ごとにテスターの作業状況を確認することで、作業遅れやトラブルなどの早期検知につながり、また早期に対処することでその影響を最小限にすることもできます。

　これがもし、始業時に作業指示を出したままそのあと一度も状況確認

をしなかったとしたら、テスターが間違ったテストをしていると丸一日無駄にしてしまうことになります。

　テスト実行管理者は、主にある程度の規模のチームで見られる役割ですが、テスト実行の管理を担っていることからテストリーダーの右腕とも呼べる存在だといえます。

9-4　テスト設計者

　第6章でも述べたように、**テスト設計**とは「何に対してどうテストするのか？」を決めていく活動であり、テスト設計者はその名前のとおりテスト設計を担当する役割です。

　テスト設計において最終的に作成するのは、**テストケース**と呼ばれるテストの手順書です。小規模のプロジェクトではテストリーダーがテスト設計の作業を兼務することもありますが、基本的にはテストリーダーと**テスト設計者**は別に設けられます。

　テスト設計者の活動は、大きく分けてテスト分析、テスト設計、テスト実装という3つの工程が含まれます。

テスト分析

　そのプロジェクトのゲームでどういったテストが求められているのかという「要求の分析」や、テスト対象となるゲームがどういう仕様であるのかという「テスト対象自体の分析」を行います。

　テスト分析ではゲームの仕様書を読み込み、そのゲームの仕組みや仕様などを把握し、理解していきます。この活動は、仕様書の内容に不備がないかというレビュー活動にもなり、テスト対象のゲームの理解を進めながら、仕様の不備や疑問点などの確認も同時に行っていきます。

　自身の理解があやふやなままテストケースを作成してしまうと、テストケースの内容も曖昧な内容になってしまい、テスターがテストを実行する際に判断が付かずに適切なテストができなくなってしまいます。

　また、この段階での仕様不備の発見は、バグの発見と同じだともいえ

ます。この段階でバグを発見して報告し、修正を入れることができれば、テスト実行の前、場合によっては開発前にバグを修正できるため、テスト活動の効率化や品質の向上につながっていきます。

　こうしたテスト分析の活動を通して、テストすべき機能や要素を整理して一覧化することで、次のテスト設計の工程につなげていきます。

🐰 テスト設計

　テスト分析とテスト設計は、「テスト分析→テスト設計」のように順番に進めて終わりではなく、交互に繰り返し行われることが多い活動です。

　ゲーム開発の現場では仕様変更が多く起こりがちですが、その際、変更された仕様について仕様書に曖昧な書き方をされていたり、そもそもどう動くのかといった情報がほとんど記述されていなかったりするケースもあります。そのような場合は、開発担当者に質問を投げかけて「正しい挙動」を明らかにする必要があります。

テスト観点

　また、テスト設計の活動では、テスト分析で整理した機能や要素に対して「どのようにテストを実行するか」というテストの観点での検討を行います。「こういう確認が必要だ」といったテストの観点を考え付いたら、そのあとそのテスト観点では具体的にどういう挙動となるかという確認をしていくことも多いです。

　このように、テスト設計の作業を進めていく中であっても、新しい情報が出てきたり、より具体的に細かく挙動を知る機会が出てきたりするため、テスト分析とテスト設計は繰り返し行われる活動となるのです。

　テスト観点は、大きく分けて「正常系」「準正常系」「異常系」という3種類があり、それぞれ以下の内容となります。

- 正常系：仕様どおりの挙動であることを確認する

- 準正常系：想定内の異常が発生した際に、適切な処理が行われること を確認する
- 異常系：想定外、仕様外の異常が発生した際に、どういう振る舞いを するかを確認する

　ただ、テスト観点といってもピンとこない方もいるかもしれません。 ここからは少し例を見ていきましょう。

- テスト対象機能：有償石の購入
【正常系のテスト観点】
  - 購入フローの確認
  - 購入可否の確認
  - 購入キャンセルの確認
  - 購入後の所持有償石の確認
【準正常系のテスト観点】
  - 通信OFFで購入実行
  - 購入処理中に通信を切断
  - 所持上限の有償石を持っている状態で購入
【異常系のテスト観点】
  - 購入実行ボタンの連打
  - 購入実行ボタンとキャンセルボタンの同時押し

　これに加え、さらにテストするパターンや組み合わせを考えていくこ とが必要です。例えば、購入できる有償石が30個、100個、300個と3 種類あった場合、「購入可否の確認」や「購入後の所持有償石の確認」で はこの3種類をテストする必要が出てきます。
　正常系のテスト観点でテストパターンを考えてみると、以下のように なります。

- テスト対象機能：有償石（30個、100個、300個）の購入

【正常系のテスト観点】
- 購入フローの確認
- 購入可否の確認
  - 30個購入
  - 100個購入
  - 300個購入
- 購入キャンセルの確認
- 購入後の所持有償石の確認
  - 30個購入
  - 100個購入
  - 300個購入

「購入フローの確認」や「購入キャンセルの確認」は、購入個数にかかわらず同じ確認内容になるため、購入個数のパターンは含みません。しかし「購入可否の確認」や「購入後の所持有償石の確認」では、購入個数に応じて確認内容が異なるため、購入個数ごとの確認が必要となるのです。

正常系と準正常系のテストとは、仕様どおりの挙動であるかの確認であり、主にチェックリストやテストケースを活用したテストが行われます。そのためそもそも仕様書など「正しい挙動」の情報がなければテストを行うことができません。

異常系のテストでは、想定外の異常が発生したときにどういう動きをするのかという確認を行います。しかし、この想定外の異常について、仕様書に記述されているケースはほとんどありません。

例えば、「ボタン連打」というテスト観点に対して、仕様書の中で、ボタン一つ一つに対して「連打されたらどうなるか」といった説明がなされることはありません。

このようなレベルで仕様書を記述してしまうと記述内容の粒度が非常に細かくなり、記述ボリュームも増えて作成にも時間がかかってしまいます。また、ゲーム開発はある程度の仕様変更を前提に進められるため、

最初に細かく作りすぎてしまうと仕様変更が入ったときの影響も大きくなってしまうという事情もあります。

こういった理由から、異常動作についての記述は、本当に必要な部分にピンポイントで行われる程度にとどまるのです。

フリーテストでも主に異常系のテストが行われますが、このように、仕様書などで「正しい挙動」の情報がなくてもテストを行えるのが異常系のテストの特徴です。

ID	テスト対象			画面	テスト観点			
	大区分	中区分	小区分		カテゴリ	大区分	中区分	テスト概要
27	WAVE共通	会話	共通	戦闘画面	正常系	動作	イベント発生条件確認	ステージ中の会話発生ポイントで会話イベントが開始されるかどうか
28							ゲーム進行確認	会話イベント中はボス撃破モーション・エフェクト再生が保留されるかどうか
29								会話イベント中はゲームクリアが保留されるかどうか
30	最終WAVE	ボスバトル	最終WAVE到達		正常系	表示	演出確認	最終WAVE到達時に演出が再生されるかどうか
31						動作	SE確認	演出再生時のSEが再生されるかどうか
32			ボスHPゲージブレイクタイム		正常系	表示	演出確認	ボスHPゲージブレイク時にズームイン→ズームアウトされるかどうか
33			ボス撃破		正常系	動作	演出タイミング確認	ボス撃破ズームイン→ズームアウト演出が再生されるかどうか
34							SE確認	ボス撃破時のSEが再生されるかどうか
35		ゲームクリア	-		正常系	表示	演出再生確認	ゲームクリア演出が再生されるかどうか
36						動作	SE確認	演出SEが再生されるかどうか
37						遷移	画面遷移確認	ゲームクリア演出再生後、リザルト画面に遷移されるか

🐾 テスト実装

ここまでのテスト分析とテスト設計の活動を通して、「何をどうテストするか」が検討されます。しかし、この段階までで作られているのはまだ「テストの概要」といったものであり、テスターによってその解釈やテストする手順が変わってしまう可能性があります。

そこでこのテスト実装の段階では、具体的なテストの手順を定め、テスターによってテスト内容やテスト結果に違いが生まれないようにしていきます。そうすることで、テスト実行の信頼性やテストケースの再利

用性が上がり、同じテストケースを何度も使い回せるようになります。

　極端な話、プロジェクトにまったく関係のない人でもテストケースだけでテスト実行ができる形が理想形だといえます。もちろん経験を積んだテスターであれば「行間を読んだテスト」を行うこともできますが、最初からそれに期待をしてしまうとテスト分析やテスト設計がおろそかになってしまうため注意が必要です。

9-5 テストリーダー

テスト実行管理者はテスト実行のみが担当範囲でしたが、**テストリーダー**はテスト全体の管理を行います。

テストリーダーの主な業務

テストリーダーの主な業務には以下のようなものがあります。

- テストに必要な準備（機材や作業ルールなど）
- テスト設計、テスト実行を含むテスト全体の進捗管理
- 状況をモニタリングし、計画どおり進むようにテストをコントロールする
- トラブルや課題などの検知および対処
- テスト活動にかかわるさまざまなデータの収集
- 収集したデータをメトリクス化し、品質状況を可視化する
- テスト活動状況の報告
- テスト計画の作成や更新

テストリーダーは関係各所と連携を取りつつテスト全体の管理を行います。これをゲーム開発の役割でたとえると、プランナーやディレクターに近い役割といえるかもしれません。

基本的には、テストマネージャーが立てたテストの方針や計画などに従ってテストの運営や管理を行います。テスターやテスト設計者などは自身で手を動かして成果を作る（出す）ことになりますが、テストリーダーは明確に何かを作り出すのではなく、モニタリングとコントロール

が主な役割です。

テスト計画

　テストの運営や管理を行うための指針がテスト計画です。大きなプロジェクトではテストマネージャーがテスト計画を作成することもありますが、方針はテストマネージャーが定めて、テスト計画はテストリーダーが作成するというケースが多いです。

　テストが進んでいく中で、テスト計画の内容とテストの実態が合わなくなることもあります。テストの実態に問題がある場合は、テスト計画に合うようにコントロールしますが、逆にテスト計画のほうに問題がある場合はテスト計画を修正、更新していきます。そのようにテスト計画は「一度作成して終わり」ではなく、テスト活動中常に修正、更新をしていく必要があります。

テスト準備

　テストの運営や管理をするにあたり、まずはテストの準備作業を行います。テスト設計やテスト実行などの実作業が始まる前に、ここでどれだけ準備が整えられたかがテストの成功、失敗にかかわってくるので、極めて重要な作業です。

　さまざまな準備のうち、イメージしやすいのは機材関係でしょう。ぱっと思い付くこととしては、人数分のPCやゲームハード（コンシューマー機器やスマホ）などの準備が挙げられます。コンシューマーゲームの場合はさらにテレビや録画機器も必要ですね。もしスマホで機種指定がある場合、他プロジェクトと使用期間の調整をしなくてはならないかもしれません。

　もちろん、円滑なテスト活動のためには、テスト活動が始まるタイミングで機材を使える状態にしておくことが必須です。もし事前に機材の

調達をせずにテスト活動の開始日を迎えてしまったらどうなるかを考えてみましょう。テスト設計者やテスターたちは機材を調達できるまで何もできません。すぐに機材の調達ができればよいのですが、機材の調達や調整が難航してしまった場合、数日から週単位でテストに影響が出てしまうことになります。こうなるとテストの進捗が遅れるのはもちろん、作業者のコストもかかってしまうため、その影響は非常に大きくなってしまいます。

　また、テスト活動はチーム活動です。担当する作業ごとにテスト設計者やテスターなど役割が分かれており、それぞれ複数人で実務にあたることになります。その際、作業の進め方を作業者それぞれに完全に任せてしまうと、テストケースのフォーマットがバラバラになってしまったり、テスト結果の記入方法が変わってしまったりして統一性がなくなってしまいます。

　細かい部分かもしれませんが、開発チームや顧客目線で見たときに、人によってフォーマットや書き方がバラバラだったらどう感じるでしょうか。少なくともよくは思われず、統制の取れていないテストチームとして映ってしまい、不安感を与えてしまうことでしょう。

　よく「段取り八分」といわれます。これは、「うまくいくかどうかは8割がた段取り（準備）で決まる」という意味です。手を動かす実作業に目が向きがちですが、準備作業はこのように、非常に重要な作業なのです。

モニタリング

　テストのモニタリングとは、事前の計画どおりに進められているかを確認する活動です。

　モニタリングを行うには、指標を用意する必要があります。テストの進捗状況を例に考えてみましょう。

2000のテストケースを2人で10日間実施する場合、1日平均200ケースを消化する必要があります。さらに細かく見ると、1日1人平均100ケースを消化することが必要です。モニタリングの際は、この「1日1人100ケース消化」が指標となります。

　この指標に達しているのか達していないかによって現在のテスト状況を読み取ることができ、もし指標に達していないならば原因調査を行ったり対処をしたりといったコントロールをしていかなければなりません。

🐾 コントロール

　ここで行うのは、テストが計画どおり進むための対処です。

　モニタリングすることで現在の状況を知ることができますが、知るだけで終わってはいけません。指標を下回っていたり計画より遅れていたりする場合には、状況が改善されるように対処する必要があります。

　先ほどのモニタリングの指標例「1日1人100ケース消化」で考えてみましょう。もし1日1人70ケース消化しかできていなかったとしたら、テストには遅れが生じてしまっています。予定では100ケースを見込んでいたものが、なぜ70ケースしか消化できていないのか、まずはその原因を探っていく必要があります。

　ここで考えられる原因としては、以下のようなものがあります。

- バグの数が多く、バグレポート作成に時間がかかってしまっている
- ゲームの動作が重く、確認に時間がかかる
- 想定していたよりも時間が必要だった
- ゲームの理解度が浅く、1つのテストケース消化に時間がかかる
- 確認作業のスピードが遅い

　テストケースの消化数が指標以下だからといって、すぐ「テスターに問題がある」と結論付けてしまうのはよくありません。もちろん中には

テスターの力量が原因であるケースもあるでしょう。しかし、テスト対象のゲーム自体に問題があるケースも少なくありません。特に、テスト開始直後はバグも発生しやすく、バグ報告に時間が取られてなかなかテストケースの実行が進まないといったことがよくあります。

　この場合の対処としては、テストケースの実行をいったん止めてしまってバグ出しに集中する形にしたり、他に進められる作業を進めたりすることが考えられます。場合によってはテスト実行を中断してしまうのもよいでしょう。また、デバッグコマンドの実装が影響してゲーム全体の動作が重くなってしまうこともよくあります。このような場合、テスト側だけではどうしようもないので、開発側に状況を伝えて計画の見直しをするといったことが必要です。

　これらは一例ではありますが、テストリーダーは俯瞰的、客観的な視点でものごとを見ていき、状況にあわせた対処を求められます。

テスターのモチベーションも大切

　テストリーダーはテスターのモチベーションコントロールを行う必要もあります。モチベーションが低下してしまうと生産性が下がり、テストミスも増えてしまうため、モチベーションの維持や向上はテストリーダーの重要な活動の1つなのです。

　モチベーションコントロールといっても特別なことをする必要はありません。ねぎらいや感謝の言葉をかけたり、期待していることを伝えたりといった程度でも十分効果はあります。ゲームテスターはコミュニケーションが苦手だったり話下手だったりする人が多いですが、気持ちや考えをしっかり伝えることが大事です。

　テストマネージャーは開発や顧客などテスト組織外とのかかわりが多くなり、必然的に交渉や折衝などが多くなります。また、テストの方針を策定したり、テストにかかわる活動を推進したり、意思決定をしたりして組織を動かし、時には大きな責任を負う立場になります。

　テストマネージャーにもなると定型的な作業は少なくなり、テスト組織の仕組みを作ったり、その時々でテスト活動が成功するためのさまざまな取り組みを考え推進したりと、自分でやるべきことを考えて実行していくことになります。

🐾 テストマネージャーの主な業務

テストマネージャーの主な業務としては以下のようなものがあります。

- 開発や顧客との交渉や折衝
- テスト方針やテスト計画の策定
- テスト体制の構築
- テスト活動にかかわる仕組みやフローの構築
- リスクマネジメント
- 業務改善

　体制構築もテストマネージャーの仕事の1つです。これは、テストの目的を達成するためにどういった役割の人材が必要か、どういったレベルの人材が必要かなどを考えて体制を作り、実際にその人材を調達する活動です。

　一見すると簡単なようにも見えますが、求められる役割や経験、スキルレベルをしっかり見極め、妥当な人選をしなければなりません。場合によっては教育計画を立てて、十分なレベルまで育成することも必要です。

　また、テストチームやテスト活動がよりよくなるために問題点を洗い出し、それを解決するための具体的なアクションプランを作る活動も行います。当然、アクションプランを作るだけではなく、そのアクションプランの実行、推進をしていき、テスト活動と同じようにモニタリングとコントロールをして問題解決を行っていきます。

　テストリーダーは「テスト活動」に対しての運営や管理が中心でしたが、テストマネージャーは「テスト組織」の運営や管理が中心となります。

　人とのかかわりも増えてきますので、テストマネージャーにはコミュニケーション力、柔軟性、順応性といったポータブルスキルが非常に重要になってきます。

　技術的なスキルも一定レベルは求められますが、テスト設計やテスト実行などの実作業はそれぞれの役割が担っていくため、ハイレベルな知識や技術が必須ということはありません。

　テスト実行管理者やテストリーダーといった管理系のキャリアを歩んでいくことで、テストマネージャーへのキャリアが開けてきます。テスト設計やテスト自動化エンジニアなど技術系のキャリアでは、管理系のキャリアで求められるスキルを培うことが難しいため、技術系から管理系へとキャリアチェンジするのは容易なことではありません。そのため、なるべく早い段階から自分がどういうキャリアを積んでいきたいかを考えておくとよいでしょう。

　テストマネージャーもマネージャー職の1つですが、マネジメントというものにはいつでもどこでも通用する「正解」はありません。正解／不正解という考え方ではなく、テストマネージャーが出した解が1番よい解なのか、2番目によい解なのかという考え方になります。

テストマネージャーになると周囲からさまざまな意見を聞くようにもなりますが、人の意見に左右されすぎるのもよくありません。いいとこ取りをしようとしても破綻をきたす可能性が高いため、最終的には自分の考えを貫く必要や覚悟を求められることもあります。

　テストマネージャーには、テスト活動を最後まで完遂させる責任があります。できない言い訳を考えるのではなく、進めるために何をしたらよいのかを考えて進めたり、必要に応じて関係各所への説明もしたりしなければならないでしょう。

　テストマネージャーは裁量も大きくなる分、のしかかってくる責任もまた重くなるのです。

9-7 テスト自動化エンジニア

　近年注目を集めている**テスト自動化エンジニア**は、さまざまなテスト自動化ツールを活用してプログラムを組み、自動テストを実現していく役割を持ちます。

🐾 テスト自動化エンジニアの主な業務

テスト自動化エンジニアの主な業務は以下のようなものです。

- テスト自動化可否の精査
- テスト自動化の効果予測
- 自動テストのシナリオ（フロー）の作成
- 自動テストスクリプトの作成
- テスト自動化導入の効果分析

　使用するプログラミング言語は活用するテスト自動化ツールに左右されますが、Pythonが利用されることが多い印象です。現在では、最小限のプログラミングでテスト自動化を実現できる**ローコード**や、プログラミング不要で誰でもテスト自動化が実現できる**ノーコード**でのテスト自動化が実現できるテスト自動化ツールもあるため、プログラミングができない人でもテスト自動化の実現が可能な時代になってきています。

　とはいえ、簡単な動きであればローコードやノーコードでのテスト自動化も有効ですが、これらのテスト自動化ツールで複雑な動きを実現するのは難しく、その場合はプログラミングの習得や活用が必要になってきます。

ここでのテスト自動化エンジニアは、プログラム言語を活用してゼロからテスト自動化を実現できるレベルを指します。しかし、ただプログラミングができるだけではテスト自動化エンジニアとして十分とはいえません。

　ソフトウェアテストの基本的な知識も必要になりますし、テスト自動化の8原則にもあるようなテスト自動化の考え方を理解している必要があります。

テスト自動化の際に陥りがちなこと

　テスト自動化をする際に陥りがちなことの1つは、テスト自動化の効果を考えずにテスト自動化してしまうことです。エンジニアはプログラムを組むことが目的となってしまうこともあり、多くの時間を使ってテスト自動化を実現したけれど、実は手動テストのほうがコスト面や効果で優れている、ということも起こり得ます。

　それを防ぐためにも、自動テストスクリプトを作成する前に、テスト自動化をした際の効果をしっかり見極めておく必要があります。

　そのため、テスト内容やテストケースから「どこを自動化できるか？」といった観点だけではなく、「自動化したときの効果」もあわせて考えていく必要があり、テスト自動化の分析がとても重要になってきます。

　IT分野は日進月歩といわれますが、それはゲームやプログラムなどにおいても同様です。最近ではブロックチェーンゲームやNFTゲーム、メタバースゲームなど新しい形のゲームも登場してきています。そういった新しい技術を知り、それらをテスト自動化するために必要な知識や技術も継続的に学んでいかなくてはなりません。ゲームの進化にあわせて技術者の進化も必要になってくるのです。

9-8　その他のキャリア

　主だったキャリアはここまで述べてきたとおりですが、他にもさまざまなものが存在しています。それらは少数精鋭で活動することが多く、実際にそのキャリアに向かっていったとしてもなれる可能性は高くないかもしれません。

ゴッドハンド

　ゴッドハンド、**エキスパートデバッガー**など、企業によって呼び方は異なるかもしれませんが、バグ出し能力が非常に高いデバッガーのことです。

　基本的な活動はデバッガーと変わりませんが、1つのゲームのプロジェクトに長くいるよりも、そのバグ出し能力を持って一定期間ごとに別のゲームへと移り、行く先々でバグを出しまくるようなイメージです。

　バグ出しには経験が非常に重要なので、駆け出しからすぐにはこのポジションになることはできないでしょう。何年もデバッガーとしてバグ出し経験を積んでいく必要があります。

　一見かっこよさそうにも見えますが、冷静に見るとデバッガーの延長線上であるため、経験や勤務年数のわりには高い年収は期待できないでしょう。

LQAテスター

　英語などの海外言語のスキルを活かしたローカライズ専門のテスターが**LQAテスター**です。

日本国内版から海外版が作られるケースも多いですが、ゲーム内の言語が海外の言語になった際に、テキストがウィンドウ枠内に収まっているか、テキストの内容が適切に翻訳されているかなどを確認していきます。

　海外版は北米圏、欧州圏、アジア圏でリリースされることが多いので、英語、イタリア語、フランス語、スペイン語、ドイツ語、韓国語、中国語などのニーズがあります。

　逆に、元々海外でリリースされたゲームの日本版の確認を行ったり、日本語への翻訳自体を行ったりするケースもあります。

ガイドラインテスター

　ガイドラインテスターとは、ロットチェック、TRC、TCRなど、ハードメーカー各社が定めるガイドラインに沿っているかを専門的にチェックする役割です。

　ゲームの発売にはこのガイドラインをクリアしていなければならず、もしガイドラインに抵触する部分があると審査のやり直しとなり、リリースに影響してしまう可能性があるため、非常に重要な確認作業です。

　デベロッパーでガイドラインテスターがいることは少ないですが、パブリッシャーはガイドラインの確認を行うため、ガイドラインテスターも存在します。

　この役割はバグを見つけることよりも、ガイドラインの内容を正しく理解し、ゲーム内でそのガイドラインに抵触している箇所がないかを調べる活動といえます。どういう表現や挙動ならよいのか、どうならダメなのかをしっかり理解しないと務まりません。

スペシャリストという生き方

　これらいずれのキャリアも、スペシャリストとも呼べる立ち位置であり、その先のキャリアが用意されているものではありません。

　そのチームでのチームリーダーといったポジションへのステップアップはあるかもしれませんが、それ以外ではその役割での高みを目指していくことになり、給料が大幅に上がることは期待しづらいでしょう。

　しかし、エバンジェリストとなり、業界内で専門的な人材と認知されたり、社外や業界などへの影響力が出てきたりすると、評価は一変するでしょう。

　エバンジェリストとは「伝道者」という意味であり、業界のトレンドや技術などをわかりやすく説明し、啓蒙することを仕事とする人たちです。

　ゲーム業界を含めて IT 業界は急速に進化していますが、IT 関係には小難しい話題も多く登場します。ビジネスにおいてはそういった話題も相手にわかりやすく伝える必要があり、エバンジェリストは難しい話題を相手にわかりやすく説明し、新しいビジネスチャンスを生み出すために活動をしています。

　ゲーム業界ではエバンジェリストという役割はまだなじみがありませんが、広く IT 業界で見るとその役割が認知されるようになってきています。ゲーム業界もこれからまだまだ進化している業界ですので、ゲーム業界でもエバンジェリストが一般的になる日がくるかもしれません。

第10章

ゲームテストの未来

本書の最後に、これからのゲームテストはどうなっていくかを考えてみることにしましょう。

　昨今、DX（デジタルトランスフォーメーション）が注目されてビジネスへのデジタル技術の活用が急速に進んでいますが、実はゲーム業界はまだまだアナログな部分が多くあります。

　属人的な文化が強いゲーム業界では、その作業を機械に置き換えるのに抵抗感を抱いている人も少なくありません。実際、ゲーム業界以外ではテスト自動化が進んでいることが多いのに対し、ゲーム業界ではあまりテスト自動化が進んでいないのはこういった事情も含んでいます。

　ただ、2025年問題や労働人口不足の問題化など、このままではゲーム開発そのものが破綻しかねない状況になってきています。ゲーム業界でもデータを分析して無駄を省いてより高い効果を狙ったり、作業を機械に置き換えて人はより高度な作業を担っていったりする必要が出てくるはずです。

10-1 自動化の拡大

　ゲーム業界でもテスト自動化への取り組みが行われるようになってき
ましたが、それでもまだ一部の組織やプロジェクトにとどまっているの
が現状です。その理由として、テストを機械に置き換えてこれまでと同
じようにできるのかという不安感や、まだまだテスト自動化が活用され
てからの歴史が浅く、テスト自動化の活用効果が懐疑的な目で見られる
ことも多いためです。

　しかし、労働人口不足の問題やゲームビジネスの仕組みやサイクルに
対してテスト自動化の必要性が高まり、今後さらにテスト自動化の取り
組みが拡大してテスト自動化が当たり前になる日が来ることでしょう。

テスターの役割が変わる?

　大きく分けると、テスト自動化には内部構造の情報を取得して実現す
る方法と、内部構造の情報は取らずにUI上の画像を認識して実現する方
法との2種類があります。前者は主に開発と一体となった取り組みで活用
され、後者は開発とは独立したテスト組織で取り組まれることが多くなっ
ています。

　前者のように開発と一体となって取り組む場合、一定レベル以上のプ
ログラミング技術が必要となるため、それを担える人材育成にも時間が
かかります。またプログラミング経験者の採用はハードルが高く、大量
採用するのも難しいでしょう。つまり、テスト自動化に対応できる人材
は短期間で増えるものではありません。

　しかし、後者のようにテスト組織内で取り組む場合は、ノーコードや
ローコードでのテスト自動化が中心となることが多いため、プログラミ

ングレベルはそこまで求められません。こちらの場合はプログラミング未経験でも比較的短期間でテスト自動化に対応できるようになるでしょう。

これからは、人間がテスト作業していた部分は機械（テスト自動化）に置き換え、人間はテスト自動化ツールを使って自動テストを組んでいったり、どういうテストが必要かを考えたりなど、人間でなければできない作業へのシフトが加速するはずです。

将来的には、テスターと呼ばれる役割の中にテスト自動化の作業が含まれるかもしれませんし、テスターという役割自体がなくなって、機械を操作して自動テストを動かすだけの「テストオペレーター」と呼べるような役割が誕生し、それが一般化するかもしれません。

なお、バグ出し目的のテストは機械化が難しいとされていますが、100%人間と同じではなくとも、例えば「60%程度人間と同じことができる」などであれば、将来的に実現される可能性は高いはずです。

🦠 機械が人間に近づいていく

基本的に、自動テストは決められたことしかできないため、規則性のある動きを取ることになります。しかし、バグを見つけていくためには同じ箇所に同じことを続けていても効果は薄くなってしまいます。このことは、ソフトウェアテストの7原則にある「殺虫剤のパラドックスにご用心」でも述べたとおりです。

テスト自動化もプログラムなので、自動テストスクリプトの動かす順番にランダム性を持たせることはできるはずです。これにより不規則性を持った自動テストを実現でき、バグ検出を狙ったテスト自動化へとつながっていきます。

とはいえ、人間が行うフリーテストでは、その経験やさまざまな情報からバグの出る勘所をもとに効果的にバグを探索しており、ただ単に不規則性を持たせただけではまだまだ人間には及びません。では、機械に

バグを狙った動きを取らせるのは、やはり難しいのでしょうか？

　その実現のためには、バグ情報の活用が重要だと考えられます。バグレポートには、バグの重要度やどこで発生したかを表す対象機能、どういうバグであるかを表すカテゴリなど、さまざまな情報が詰まっています。こうしたバグ情報の集計データと自動テストスクリプトを関連付けることで、よりバグの起きやすい動きを機械に取らせることができるはずです。

　ただ、機械ではその動きの正否の判断が付かないという問題もあります。そのため、現状自動テストで検知できるバグは、フリーズやハングアップなどゲームが止まってしまうような一部の現象に限られてしまいます。

　機械は細かく正確な正否の判断を付けることができませんが、自動テストを動かしてその中で異常が出ていなければ、人間が「自動テストを実行した範囲の機能は異常なし」と判断することもできます。

　現時点でもこのように、テストシナリオや自動テストの組み方の工夫でカバーできる部分があるのではないでしょうか。

　画像認識を用いたテスト自動化の場合、基本的にはもととなる画像を準備して、その画像がゲーム画面に存在するかの確認を行って、画像ありと判定されたらその画像をキーとしてさまざまな操作や行動を取らせます。

　しかし、ゲームではアイコンやキャラクターなど、さまざまな部分でアニメーションやエフェクトが発生しています。アニメーションなどが出ると画像の比較が取りづらく、バグではないのに異常ありと判定されてしまうケースも出てきてしまいます。

　アニメーションがない静止画像であれば、その画像が存在するかどうかの確認は機械化できます。しかし、その内容が適切か、といった確認はプログラミングベースでの自動化だけでは難しいのが現状です。

AIの活用

　ここまでは、テスト自動化ツールなどを活用したテスト自動化の話でした。それではここからは、AIを活用した自動テストを考えてみましょう。

　AIと聞くと、人間がやっていたことが何でも機械でできてしまうのではないかと思ってしまうほど、非常に夢が広がる言葉です。第7章で、AIには「弱いAI」と「強いAI」があることを紹介しました。本章は未来のゲームテストについての話なので、そのうち「強いAI」を前提として、さまざまな活用を考えてみます。

　将来的には、テスターがやっている操作や行動、思考までをもAIに学習させ、そのテスターと似たような行動をAIに取らせることができるようになるかもしれません。そうなると、ゴッドハンドと呼ばれるバグ出し職人たちも、そのバグ出しのプレイをAIに学習させることでクローン化することができるようになるかもしれません。属人化を極めたバグ出し職人がAIという最先端の技術に置き換わり、「AIで属人的なテストを行う」ことができるようになりそうです。

　AIが自律的にゲームを動かせるようになったとして、どういったテストがAIに置き換えられるかを考え、次の表にまとめてみました。

AI化予測	テスト内容	理由
×	機能テスト	正しい挙動の学習に時間がかかり、正しい挙動を学習しきれなかったり適切な判断ができなかったりする可能性が高い
△	アイテムチェック	使用確認だけであればAI化できそうだが、効果の確認はAIでは判断ができない可能性が高い
○	通しチェック	クリアまでのルートや行動を学習させることで実現可能だと考えられる

AI化予測	テスト内容	理由
○	当たり判定チェック	壁や障害物をAIに認識させることで実現可能だと考えられる
○	テキストチェック	AIによる文章校正ツールはすでにいくつかあるため、実現可能だと考えられる
△	バランスチェック	プレイヤーの思考や行動をAIに学習させ模倣することができれば、活用できる可能性がある
×	ユーザビリティテスト	AIではユーザー感情は表現できないため、難しいと考えられる
△	負荷テスト	機材環境が整えられる場合は、人間の代わりにAIを大量に動かすことで実現できる可能性がある
×	セキュリティテスト	ゲームのバイナリファイル自体の解析が必要になるため、AIというよりはセキュリティツールといえる

　機能の妥当性、適切性の確認や、感性・感情にかかわる部分はAIでは難しそうですが、AIにゲームをプレイさせるのは将来的に実現できるのではないでしょうか。

　特に、コンシューマーゲームはスマホゲームと違い、リリース後にゲームを中長期で運営していくわけではありません。そのためリリース時点で残ったバグの許容度合いはスマホゲームよりも厳しくなり、フリーテストでのバグ探しにも多くの人と時間を費やすことになります。

　数十人のテスターが数週間〜数カ月間にもわたってフリーテストを行っていくのですが、フリーテストだけでも相当なコストがかかっています。しかし、筆者の経験上、バグを狙って出せるテスターというのは全体の5%〜10%程度で、それ以外のテスターはバグを狙い撃ちすることができず偶然に頼ることになります。

　バグ探しは約10%のバグを狙って出せるテスターだけで行い、残りの

約90%は人からAIに置き換わるのが、人間とAIのコラボとして最適な形だといえそうです。

開発中のテストにおけるAIの活用

テスト組織の活動でのAI活用を考えてきましたが、開発中のテストでもAIは活用できるのではないでしょうか。

一般的な開発工程は次の図のように表され、「V字モデル」と呼ばれます。このモデルではテスト工程として「単体テスト」「結合テスト」「総合テスト」「受け入れテスト」の4工程が想定されています。

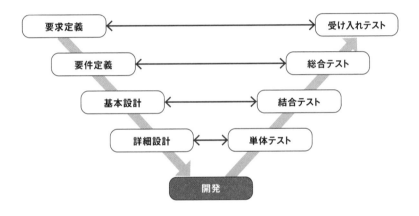

このうち、開発担当者が行うテストが「単体テスト」「結合テスト」であり、それぞれ以下のテストを行います。

- 単体テスト：最小単位（モジュールなど）の動作確認
- 結合テスト：異なる機能（モジュールなど）をつなぎ合わせた際に異常が出ないかの確認

この単体テストと結合テストでも、AIによるテストが期待できそうです。

　単体テストであれば、最小単位のプログラムを組んだそばからAIが動作確認を行って、プログラム上の問題点を指摘したり、修正案を出してくれたりできるようになるかもしれません。

　結合テストも同様で、機能を連結させた際にAIが機能間の情報のやり取りに問題がないかを確認する、といったことができるようになるのではないでしょうか。

　ゲーム開発の上流工程からこうしたテスト活動ができれば、ソフトウェアテストの7原則の「早期テストで時間とコストを節約」の実現にもなります。

　テスト自動化やAIなどの機械は、24時間365日動かすことができますが、もしこれを人間で実現しようとすると1日3交代制を取る必要が生じ、人数が3倍必要になってしまいます。

　機械化を進めることで、コストを抑えつつより多くのテストを行うことができるようになるでしょう。そうすれば、これまでよりも短い期間でテストを完了させることができるようになるはずです。

　テスト活動の自動化やAI化が進んでいくことで、これまでよりも短期間でより高品質なゲーム開発が実現できるようになることでしょう。

さまざまなデータを活用した科学的なテスト

ゲームテストはまだまだアナログで属人的な世界です。しかし、将来的にはよりデジタルに、より科学的になっていくことでしょう。

ビッグデータの活用

テストケース、テスト観点、バグなどの情報は、現在でも企業内やプロジェクト内で蓄積しているところもあるはずです。しかし、情報を蓄積するだけにとどまって、有効に活用できていないケースも多いのではないでしょうか。将来的には、こうして蓄積されたテストのビッグデータの活用にも焦点が当たっていくはずです。

蓄積される情報の例としては、機能やテスト観点、テスト結果などの関係性が挙げられます。「どこでどういうテストをしたか」という情報があれば、「この機能で必要なテストは何か？」を瞬時に抽出することができることでしょう。

もしかしたら、機能の情報をシステムに入力するだけでチェックリストやテストケースが作成できてしまうかもしれません。テストケースの作成にはテスト実行と同じくらいのコストがかかり、しかもテスト設計者という知識や経験が伴う役割が必要になります。ビッグデータの活用によって瞬時にテストケースが作成できるようになれば、それはまさに革新的なことだといえるでしょう。

他にも、バグ情報として「どこで何をしたらどういうバグが出たか」という情報が大量に蓄積されていくはずです。このビッグデータを活用すれば、テスターにバグのナビゲーションができるようになる日が来るかもしれません。

例えば、スマートグラスを装着しながらゲームをプレイしていると、そのスマートグラス上に「どういう操作をしたらよいか」「どういうバグが出る可能性があるか」といった情報を出すことが考えられます。そのナビゲーションに従って行動することにより、経験の浅いテスターでもバグを狙った活動ができるようになっていくでしょう。

さらに、ゲームの企画や設計の段階でもテストのビッグデータは活用できそうです。

テストのビッグデータを活用したシステムにゲームの企画書や設計書を読み込ませることで、品質リスクの診断を行ったりテストの見積もりを算出したりできるかもしれません。

ソフトウェアテストの7原則「早期テストで時間とコストを節約」の考え方にもあるとおり、早期にテスト活動やバグの検出、修正をすることで、トータルコストを抑えつつ品質の向上が期待できます。ビッグデータを活用すれば、それらにつながる活動をしやすくなるでしょう。

ビッグデータ×AIでキャラクターチェック

ゲームの世界では、原作となる漫画やアニメなどをもとにした、いわゆる「IPモノ」と呼ばれるものが多くの割合を占めています。ユーザーは原作の世界観やキャラクターがゲーム内で再現されることや、ゲームオリジナルのストーリーを楽しみにしていることでしょう。そのため、ゲーム内でキャラクターが原作とは異なる話し方をしたり、異なる考え方で行動したりしてしまった場合、ユーザーは落胆してしまい、ゲームから離脱してしまう可能性があります。

実際、ゲームテストの現場でもその原作に詳しいテスターが入り、世界観やキャラクターに違和感が出ていないかを確認することがあります。完全に属人的な世界ではありますが、こういったキャラクターの確認にもビッグデータやAIが活用できるのではないでしょうか。

具体的には、「原作となる漫画、アニメ、小説などからキャラクターをAIに学習させ、そのAIがゲームをプレイしていく中でキャラクターの言

動の確認を行う」といった形になるでしょう。もしこういったAIが出て
くると、ゲームやアニメをまったく知らないような人でも、このAIを使
うことでゲームテストの仕事ができるようになるかもしれません。

🐾 生体データの活用でゲーム品質を向上

　さまざまな生体データを活用することで、ゲーム品質の向上につなげ
られるかもしれません。

　その一例はテスターの「集中力」です。人間は集中力が落ちると注意
力も散漫になり、テストミスやバグの見逃しにつながってしまいます。

　人間が集中できる時間は長くても90分程度とされていますが、テス
ターの生体データを測定して集中力を可視化し、集中力の低下が見えて
きたら休憩を取らせていくことで、テスターの生産性を高められるかも
しれません。

　他にも、ゲームの面白さに対してのテストにも活用できるかもしれま
せん。現在はユーザーテストという形で数人～数十人のモニターを集め
て、そのモニターに実際にゲームをプレイしてもらい、ゲームに対して
ポジティブな意見、ネガティブな意見を回答してもらうことでゲームの
面白さを測っています。

　こうしたモニター調査の形だと、相手の顔色をうかがったり気をつかっ
たりして、心の中ではネガティブな感情を抱いていたとしてもその想い
をそのまま回答することができず、実はあまり面白くないのに面白いと
回答してしまうケースが出てきてしまいます。

　ユーザーの「楽しい」「面白い」「つまらない」「退屈」といった感情も、
生体データを使って測定できれば、そのデータからゲームの面白さを検
証することができるのではないでしょうか。

　興奮したり、緊張したり、強いストレスがかかったりすると脈拍が早
くなります。緊張や動揺をすると手に汗をかくことでしょう。こういっ
た状態を測定して多面的に捉えることで、ポジティブな感情を表してい
るのか、ネガティブな感情を表しているのかを可視化できるはずです。

　ホラーゲームなどのジャンルではユーザーの緊張状態を意図的に作ることがあります。ユーザーの深層的な感情がわかることで、そういった場合でも開発者の意図どおりに作り上げることができたかがわかることでしょう。

　また、ユーザーがゲーム画面のどこを見ているのか、ユーザーの視線データもゲーム品質の向上に役立つかもしれません。

　視線はよく「Zの形（左上→右上→左下→右下）で動く」といわれますが、視線を測定することにより、開発者がユーザーに訴求したい内容がユーザーの視線導線の中にあるか、ユーザーの目に触れているかなどもわかってくるのではないでしょうか。

10-3　次世代のテスト組織

　ここまでは未来におけるゲームテストのやり方を考えてきましたが、最後にテスト組織についても考えていくことにしましょう。

　現在、主にテストリーダー、テスト設計者、そしてテスターによってテスト体制が構成されています。人数はテスターが一番多く、プロジェクトの状況によっては数十人規模になります。

　当然ですが、テスター1人では1人分の働きしかすることができません。しかし、テスト自動化やAIを活用した場合は、1人が動かすことができる機械の数に応じて生産性が向上していくことになります。そうなると、自動テストやAIを操作するオペレーターのように人が増えていくでしょう。人力の作業は感性や感情にかかわるようなテストや、人間ならではの経験や観点でのバグ探しなどごく一部だと考えられます。

　そうして、テスターの大部分が機械に置き換わっていったとしましょう。そのとき、機械たちを動かすテストオペレーターにはこれまでと同じ人数が必要かというと、おそらくそうではないはずです。必要な人数は大幅に減ることでしょう。

　テストオペレーターが機械の設定や操作をするといっても、機械1台に対してそこまで多くの時間は取られないでしょう。少なく見積もってもテストオペレーター1人で機械3台分は動かすことができるのではないでしょうか。

　そうなると、単純計算でテスターの人数規模は1/3で済むようになり、残りの2/3は仕事にあぶれてしまうことが考えられます。しかし、現在でも満足な量のテストが行えていないケースも多いため、現実には残り2/3が仕事にあぶれるというよりも、より多くのプロジェクトに対して十分

なテストができるようになると考えられます。

「1人で3人分の働き」と簡単に書いてしまいましたが、誰でもこの生産性が出せる可能性があるのは素晴らしいことだといえます。生産性が高いということは、かかるコストが一定に抑えられていることを意味し、高い利益を生み出すことにつながっていきます。

高い利益が私たちにどのような恩恵をもたらすかといえば、そうです、賞与や昇給など収入に還元されることになるわけです。ゲーム業界、ひいてはゲームテストの仕事は他業種と比べて給料水準が低い傾向にありますが、これがひっくり返る可能性があるのです。

また、テスト活動の中心が自動化やAI化の作業になった未来では、それらの研究開発活動も重要になってくると考えられます。テスト自動化にもさまざまなツールがあるため、それらのツールの活用研究やプログラミング技術の向上、そして「どこにどう自動テストを運用するのが効果的か」といった分析などがあるでしょう。

AIに関しても、自分たちの組織にあったAIの研究開発が必要になってくるでしょう。AIの研究開発には大きなコストがかかりますが、労働人口不足の問題や高い生産性からのビジネス貢献を考えると、十分取り組む価値はあるのではないでしょうか。逆に、こういった技術投資を怠ってしまうと組織が発展せず、時代に取り残されてしまい、緩やかに衰退していきかねません。

とはいえ、大手のパブリッシャーやデベロッパーでもなければ技術の研究開発を行うのは少し難しいかもしれません。自社で技術の研究開発ができないゲーム会社は、そうしたノウハウや技術を持つテスト専門会社に頼ることになると考えられます。そのため、テスト専門会社は否が応でも技術の研究開発をしていかなくてはならないでしょう。

テスト専門会社は、現在は大量の人を集めて派遣社員として送り出すことも多いです。しかし近い将来、そうした人海戦術ではなく、技術の質や生産性などが注目されて派遣型のビジネスでは通用しなくなる日が来るのかもしれません。

会社紹介

AIQVE ONE 株式会社

「品質管理に、革命を。」の理念のもと、ソフトウェアテストや品質分析などの理論的なアプローチに加え、自動化やAIなどのテクノロジーを活用した品質保証事業を展開。

AIQVE ONE 株式会社コーポレートサイト
https://www.aiqveone.co.jp/

「モモザウルス」
LINE スタンプリリース！

　本書に登場するかわいい恐竜「モモザウルス」がLINEスタンプになりました。ゲーム業界で使われるビジネス用語を中心に日常の挨拶もありますので、ぜひチェックしていただければ幸いです。

モモザウルス　ビジネス用語（ゲーム編）[作：村井恵理]
https://store.line.me/stickershop/product/20004016/ja

著者紹介

花房 輝鑑 (はなふさ・てるあき)

　1980年生まれ。AIQVE ONE株式会社技術支援部部長。

　JSTQB Advanced Level TestManager、IT検証技術者認定試験 (IVEC) レベル5などを保有。2001年にゲームパブリッシャーの品管で初めてゲームデバッグに従事して以降、ゲーム業界と非ゲーム業界を行き来して現在まで一貫してテストや品質支援に携わり、約20年間で100以上のタイトルやプロジェクトにかかわる。その中でゲームデバッグとソフトウェアテストのどちらも経験し、現在はソフトウェアテストやテスト自動化などを取り入れたゲームテスト手法を模索している。

カバーデザイン	轟木 亜紀子（株式会社トップスタジオ）
本文デザイン・DTP	久保田 千絵
編集	山本 智史

ゲームをテストする
バグのないゲームを支える知識と手法

2022年12月22日　初版第1刷発行

著　者	花房 輝鑑（はなふさ・てるあき）
発行人	佐々木 幹夫
発行所	株式会社 翔泳社（https://www.shoeisha.co.jp）
印刷・製本	日経印刷株式会社

ISBN978-4-7981-7562-1　Printed in Japan